Matthias Eckoldt

EINE KURZE GESCHICHTE VON GEHIRN UND GEIST

Woher wir wissen,
wie wir fühlen und denken

Pantheon

Der Verlag weist ausdrücklich darauf hin, dass im Text enthaltene externe Links vom Verlag nur bis zum Zeitpunkt der Buchveröffentlichung eingesehen werden konnten. Auf spätere Veränderungen hat der Verlag keinerlei Einfluss. Eine Haftung des Verlags ist daher ausgeschlossen.

FSC
www.fsc.org
MIX
Papier aus verantwortungsvollen Quellen
FSC® C083411

Verlagsgruppe Random House FSC® N001967

Erste Auflage
September 2016

Umschlaggestaltung: Büro Jorge Schmidt, München,
unter Verwendung von Abbildungen © efks/iStockphoto und
© Gil-Design/iStockphoto (Schmetterlinge)
Satz: Ditta Ahmadi, Berlin
Reproduktionen: Aigner, Berlin
Druck und Bindung: CPI books GmbH, Leck
Printed in Germany
ISBN 978-3-570-55277-3

www.pantheon-verlag.de

»Wenn das Hirn so einfach wäre,
dass wir es verstehen könnten,
dann wären wir so einfach,
dass wir es nicht könnten.«

EMERSON PUGH

Inhalt

Vorwort 9

ANTIKE

Wie der Geist aus dem Brunnen kommt 17

MITTELALTER UND RENAISSANCE

Der Geist orgelt 45

NEUZEIT

Das Hirn: ein Telegraph – oder eine Landkarte? 81

MODERNE

Der Geist im Chemiebaukasten – oder doch im Computer? 147

GEGENWART

Das Hirn wird wie das Internet gewesen sein 207

Dank 225

ANHANG

Anmerkungen 229

Register 241

Bildnachweis 253

Vorwort

Wir können nur vermuten, warum sich unsere Urahnen einst aufgerichtet haben. Überkam sie der Übermut, nachdem sie den angestammten Lebensraum auf den Bäumen erfolgreich verlassen hatten? Geschah es aus Langeweile? Oder drängte sich diese Idee allein schon aus anatomischen Gründen auf? Denn die Arme, die sie nun nicht mehr zum Herumhangeln an den Ästen benötigten, verkürzten sich, und die so erzwungene Hockstellung ließ die Fortbewegung zunehmend beschwerlicher werden. Warum also nicht auf zwei Beinen gehen? Einen Versuch sollte es wohl allemal wert sein.

Die Balanceprobleme von Kleinkindern, die im Alter von etwa einem Jahr den entscheidenden Prozess der Menschwerdung noch einmal durchexerzieren, dürften sicherlich nur ein sehr unvollkommenes Bild davon geben, wie schwierig sich dieses Unterfangen einst gestaltete. Das Risiko, unsicheren Schrittes durch die Wälder zu taumeln, kann man gar nicht hoch genug einschätzen. Es wird kaum möglich gewesen sein, vor Fressfeinden zu fliehen, von siegreich geführten Kämpfen gar nicht zu reden. Dennoch sind unsere Vorfahren bei dieser Bewegungsform geblieben. Der aufrechte Gang muss vor über drei Millionen Jahren etwas ermöglicht haben, das alle damit verbundenen Mühen und Gefahren in den Schatten stellte.

Zumindest zwei wesentliche Vorteile kommen in Betracht: die Eröffnung eines größeren Blickfeldes und die Befreiung der vorderen Extremitäten von den Aufgaben der Fortbewegung. Das Zusammenwirken dieser beiden Faktoren gestattet eine neue Wahrnehmungsform, die sich bald schon von der alleinigen Konzentration auf die Nahrungssuche und den Vollzug des Geschlechtsverkehrs befreit. Die Hände untersuchen, was ihnen unter die Finger kommt, die Augen unterstützen, registrieren, inspirieren. Weitere Effekte beflügeln diese neue Art der Kooperation: Der Schädel erfährt in der Vertikalen eine erhebliche Druckentlastung und benötigt weniger von der das Wachstum begrenzenden Haltemuskulatur. Es kommt zu einer präfrontalen Entriegelung.[1] Die Stirn wird frei, im tatsächlichen wie auch im übertragenen Sinn. Der im Zusammenspiel von Hand und Auge neu gewonnene Horizont erfordert und ermöglicht gleichermaßen ein Gehirnwachstum. Zusätzlich erfährt das erhobene Haupt eine gewisse Kühlung, die es erlaubt, mehr energiereiche, neuronale Aktivitäten unter der Schädeldecke in Gang zu setzen.

Die Hände erproben sich als erste Werkzeuge. Bald werden sie hierin von nützlichen Gegenständen unterstützt. Zwar brechen auch andere Tiere Fruchtschalen mithilfe harter Gegenstände auf, doch all ihr Sinnen richtet sich lediglich auf die Mahlzeit, während das Interesse der zweibeinigen Artgenossen zugleich auch dem Instrument selbst, seiner Aufbewahrung sowie seiner Verbesserung gilt. Der aufrecht schreitende Erdenbewohner zeichnet sich durch keinerlei körperliche Überlegenheit gegenüber den anderen Kreaturen aus. Im Gegenteil, er kann weder sonderlich schnell rennen noch besitzt er überdurchschnittliche Muskelkräfte, Greifzähne oder Giftdrüsen, mit denen er sich Respekt verschaffen könnte. Er ist ein rechtes Mängelwesen, das über nichts verfügt außer einer im Tierreich bis dato nie gesehenen Neugier, mit der er die Welt erkundet und schließlich sogar die Angst vor dem Feuer überwindet.

Wenn er sein Antlitz auf einer glatten Wasseroberfläche erblickt, realisiert er sofort, dass er es mit seinem Spiegelbild und keiner anderen Person zu tun hat. Das wissen auch Affen. Wenn man ihnen während einer Narkose einen Klecks auf die

Stirn malt und sie dann vor einem Spiegel zu sich kommen lässt, kratzen sie völlig selbstverständlich die Farbe ab. Danach jedoch erlischt das Interesse am Alter Ego sogleich. Für den Homo sapiens hingegen beginnt mit dem ersten Spiegelerlebnis ein nicht abschließbarer Prozess der Selbsterkundung.

Seit mindestens zwölftausend Jahren richtet sich dieses Interesse am eigenen Dasein auch auf die Kopfregion. Das legen Skelettfunde aus der Mittelsteinzeit nahe. Einige der Schädel weisen Löcher mit einer Symmetrie auf, die nicht von Unfällen herrühren kann. Nur mit gezielten Operationen gelingen solche kreisrunden Öffnungen; die Schädelplatten der Opfer müssen bei lebendigem Leib und vollem Bewusstsein bearbeitet worden sein (wenn nicht eine segensreiche Ohnmacht die Sinne raubte). Jedenfalls überlebten die Patienten der ersten Hirnchirurgen diese sogenannten Trepanationen, das kann man aus den gefundenen Schädeln der Steinzeitmenschen lesen. Die scharfen Kanten, die beim Durchstoßen der Schädeldecke entstehen, haben sich abgerundet, was nur durch die Bildung neuer Knochensubstanz möglich ist. Den Grad dieses Selbstheilungsprozesses sieht man unter dem Mikroskop und kann daraus auf die Lebenszeit schließen, die dem Operierten noch vergönnt war. Nicht selten müssen das mehr als zehn Jahre gewesen sein. Über den Hintergrund der Trepanationen existieren allerdings nicht mehr als plausible Vermutungen. Befragungen von Menschen, die in heutigen archaischen Stammeskulturen leben, ergaben, dass die Medizinmänner auf diese martialische Weise womöglich böse Geister dazu bewegen wollten, aus den Köpfen der Betroffenen zu entweichen.

In der Antike wird aus den Geistern der Geist, als die griechischen Philosophen die großen Fragen nach dem Wesen von Erkenntnis und Wissen stellen. Das vorliegende Buch, *Eine kurze Geschichte von Gehirn und Geist*, setzt hier ein und ergründet, wie das Gehirn sich selbst zu reflektieren beginnt.

Anfangs ist es noch gar nicht ausgemacht, ob im Kopf wirklich die Gedanken gebildet werden. Ebenso plausibel klingen Spekulationen über seine vorrangige Kühlfunktion für das hitzige Blut. Darüber hinaus macht die Seele immer wieder Probleme. Ist sie unsterblich und wandert von Körper zu Körper? Was aber wird dann mit all ihren Erfahrungen, die sie im irdischen Dasein gesammelt hat? Oder vergeht sie einfach mit dem Körper? Aber kann sie so profan wie dieser einfach zu Staub zerfallen? Von dem Moment an, wo im 3. Jahrhundert v. Chr. Schädel geöffnet werden, um die Wissbegier zu befriedigen, stellt sich das Leib-Seele-Problem als Frage nach dem Verhältnis von Gehirn und Geist. Wo genau wird der Gedanke, die Hand zu bewegen, materielle Realität? Und auf welche Weise? Oder andersherum: Wie verdichten sich die vielen verschiedenen Reize der Außenwelt zu einer Empfindung?

Bis heute konnten diese Fragen nicht abschließend geklärt werden. Dieses Buch erzählt von den verschiedenen, über die Jahrhunderte unternommenen Versuchen, Antworten zu finden. Dabei stellt sich heraus, dass unser Denken im Kern weniger nach Antworten sucht, vielmehr arbeitet es ständig an einer Präzisierung der Fragestellung. Diesem Vorgang fallen die verschiedensten Konzepte von Struktur und Funktion des Hirns zum Opfer, so brillant sie auch sein mögen. Was einmal glanzvoll bewiesen schien, wird wenig später widerlegt. Vor diesem Hintergrund geht es also nicht um ein Fortschreiten vom Unwissen hin zur absoluten Wahrheit, sondern um das, was Niklas Luhmann einmal Umverteilung von Problemlösungsdruck nannte. Dasselbe muss immer wieder anders erklärt werden, weil sich geschichtliche Epochen nicht durch Ereignisse, sondern durch verschiedene Wahrnehmungsbedingungen voneinander abgrenzen. Die Perspektive auf die Welt – und damit auf das Gehirn – unterscheidet sich in der Antike wesentlich von der im Mittelalter, ebenso wie von der neuzeitlichen. Die Sicht der Dinge verändert sich jedoch nicht

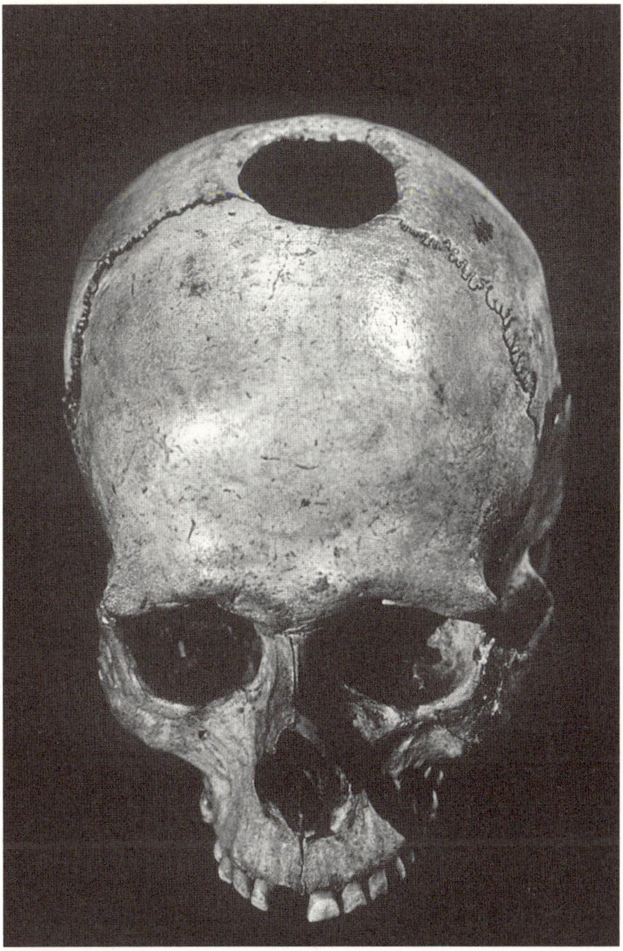

Bereits vor ungefähr zwölftausend Jahren wurden Schädel geöffnet. Es gibt Belege dafür, dass die Trepanations-Opfer diese massiven Eingriffe überlebten.

durch Anhäufung von Wissen. Menschen wissen im Laufe der Geschichte nicht mehr, nur anderes. Eher sind es technische Erfindungen, die einer Zeit ihre spezifische Weltwahrnehmung einflüstern.

Nicht von ungefähr orientieren sich die Modelle der Hirnforschung denn auch an den jeweiligen technologischen Ikonen. So funktioniert das Hirn für die Römer wie ihre ausgetüftelten Brunnenanlagen. Der Lebensgeist (*spiritus animalis*) fließt – wie das Wasser von Becken zu Becken – durch die Hirnbehälter und verändert dabei seine Qualität, sodass er die vielen verschiedenen Steuerungsaufgaben bewältigen kann. Descartes bricht das fast tausendjährige Schweigen des christlich dominierten Mittelalters zu den Fragen des Körpers und zieht für die Erklärung der Vorgänge im Gehirn die im 17. Jahrhundert zur Blüte gelangte Mechanik heran. Luftdruck, Ventile, Klappen – das Gehirn funktioniert von nun an nach dem Prinzip der Orgel. Das feinabgestimmte Ineinandergreifen der Funktionen produziert beim Musikinstrument Wohlklänge und im Kopf den Geist. Mit Aufkommen der Elektrizität entstehen neue Deutungsmöglichkeiten. So scheint das Hirn im 19. Jahrhundert doch besser als Telegraphenamt beschrieben, das durch die Nerven mit den Befehlsempfängern im Körper verbunden ist, ähnlich wie die Kabel der Telegraphie mit aller Welt. Zugleich jedoch steht die Geographie hoch im Kurs: Ist das Hirn vielleicht doch eher durch eine Landkarte zu verbildlichen? Auf der Großhirnrinde des Menschen ist genug Platz, um seinen Fähigkeiten einen ebenso fest umschriebenen Ort zu geben wie den Landstrichen, Küsten und Meeren auf dem Papier. Im 20. Jahrhundert entstehen weitere Angebote, um das Hirn auf wieder andere Weise zu sehen. So soll es nun wie ein chemisches Laboratorium funktionieren. Dementsprechend werden die Neurone zu Miniatur-Chemiebaukästen. Im Zeitalter der Kybernetik begreift man das Hirn als Computer, in dem Nervenzellen nach den Grundoperationen der Logik arbeiten. Mit Aufkommen des Internets schließlich stellt sich den Hirnforschern ihr Gegenstand als ein Netzwerk verteilter Intelligenz dar.

Die verschiedenen Metaphern zeigen die vielen Facetten der Hirntätigkeit, zugleich erzählen sie vom sich wandelnden Selbstbild des Menschen. So wie er sein Hirn beschreibt, sieht er auch sich selbst. Ob als mechanisches Rädchen im großen Getriebe, als Sklave seiner Hirnchemie oder als Netzwerker in Teams – die Bilder, die uns die Wissenschaftler liefern, werfen Schlaglichter auf die Art und Weise, wie wir denken und fühlen.

Das vorliegende Buch möchte seine Leser einladen, in die Geschichte der Erforschung des Gehirns einzutauchen. Die behandelten Epochen werden dabei nicht mit dem Wissen von heute betrachtet, auch wenn die Resonanzen von früheren und heutigen Erkenntnissen immer mitlaufen. Vielmehr wird der Versuch unternommen, sich auf die Augenhöhe der jeweiligen Forscher zu begeben und aus dem Horizont der Zeit heraus die Fragen nach dem Funktionieren des Gehirns zu begreifen. Die Kuriosität mancher Lösungswege soll dabei nicht als Beleg für die Verirrung eines oder mehrerer Wissenschaftler dienen, sondern die verschlungenen Pfade menschlichen Denkens nachzeichnen. Kein Zeitalter – sicher auch nicht das unsrige – ist gegen das feixende Kopfschütteln späterer Generationen gefeit.

ANTIKE

Wie der Geist aus dem Brunnen kommt

Weder Strom noch Nerven

Man stelle sich eine Welt vor, die keine Elektrizität kennt: Es gibt keine Kraftwerke, keine Überlandkabel, keine Steckdosen und kein Licht von Glühlampen. Auch keine Staubsauger, Computer, Radios und dergleichen. Darüber hinaus existiert der Begriff »Nerven« nicht. Spräche man das Wort aus, würde man reihum nur Schulterzucken ernten und fragende Blicke auf sich ziehen. Wie redet man über das Gehirn in einer solchen Epoche, da noch keine Neurone feuern, niemand Aktionspotentiale nachzuweisen sucht und kein Nervensystem den Körper durchzieht?

Das Gehirn spielt im antiken Griechenland keine Rolle. Es gibt ja auch noch keine Hirnforscher. Nicht einmal Naturwissenschaftler kennt man in jenen Zeiten, ebenso wenig wie Geisteswissenschaftler. Das Universum des Wissens ist noch nicht in verschiedene Gebiete zerfallen. Auch für die neuzeitliche Unterscheidung zwischen Fakt und Fiktion hat man keine Verwendung. Die von Homer gesungenen Epen sind für die Griechen real, wobei ihr Begriff von Realität nicht dem unsrigen entspricht. Die menschlichen Konflikte ihrer Götter haben in etwa den Stellenwert, den für uns die Geschichte einnimmt. Es handelt sich um Episoden vergangener Zeiten, die man selbst nicht bezeugen kann, aus denen heraus man aber Teile der eigenen Existenz und Kultur zu erklären vermag. Allerdings erfährt auch der Begriff des Erklärens eine andere Bedeutung, da Spekulation und analytisches Denken nicht als Widerspruch empfunden werden.

Die höchste Stufe geistiger Tätigkeit sehen die Griechen in der Kontemplation. Man blinzelt in die Sonne, legt sich zu Tisch, redet, debattiert und kräftigt die rhetorischen Muskeln, wann immer sich Gelegenheit dazu bietet. Die kühne These gilt in jenen Tagen mehr als die fleißige Empirie. Wieso soll man die Hände gebrauchen, solange man die Gedanken benutzen kann? Aber woher kommen die Gedanken? Was denkt in einem? Worin besteht die Eigenheit der Seele?

Bei solchen Fragen geht es nicht darum, der geistigen Welt einen Ort zu geben, um sie darauf festzulegen, sondern eher darum, sie zu würdigen und ihr auf Augenhöhe zu begegnen. Meisterlich und für die folgenden Zeiten vorbildgebend gelingt das Sokrates (469–399 v. Chr.), der im 5. Jahrhundert v. Chr. auf den Plätzen Athens zu finden ist, wo er sich lieber aufhält als zu Hause bei seinem zänkischen Weib. Er verstrickt seine Mitbürger in endlose Dialoge. Jedenfalls berichten das seine Getreuen und stellen ihn als einen unwiderstehlichen Diskutanten dar. Sokrates selbst bezeichnet sich als würdigen Sohn einer Hebamme, denn seine Kunstfertigkeit sieht er darin, die Gedanken seines Gegenübers zur Welt zu bringen. Sokrates zieht alles sicher Geglaubte in Zweifel, so lange, bis sein Dialogpartner zu der einzig sicheren menschlichen Erkenntnis kommt, der Erkenntnis des fundamentalen Unwissens. Zu wissen, dass man nicht weiß, steigt durch Sokrates zur höchsten Einsicht auf.

Bescheidenheit ist gefragt, wenn man bekennt, *nicht* zu wissen. Denn hier geht es um alles, um die grundsätzliche Unfähigkeit, Wissen auf ein festes, allgemeingültiges Fundament zu stellen. Wer sich mit Sokrates auf einen Dialog einlässt, wird rasch erkennen, dass er Wissen mit dem Schein davon verwechselt, weil die Seele keinen festen Grund zu fassen bekommt. Das Denken und Meinen richtet sich nach außen in der Sorge um die materiellen Güter. Mit dieser Ausrichtung springt man jedoch unter der Latte durch, die – von wem auch immer – durch die Gabe des Verstandes aufgelegt wurde. Das Höchste, das mithilfe der Vernunftbegabung geleistet werden kann, besteht in der Reflexion des Denkens selbst, und der

Gipfel der Erkenntnis ist dementsprechend Selbsterkenntnis. So gibt es das Orakel von Delphi Sokrates jedenfalls zu verstehen, der fortan die Sorge seiner Mitbürger um Reichtum und Fortkommen in der Welt auf die Seele umwenden will und sie mit seiner Denkmethode in ihre eigenen Widersprüche verstrickt. Wacklig wird den Athenern der Boden unter den Füßen, wenn sie sich letztlich eingestehen müssen, dass sie Glück im Materiellen und Verwirklichung in Ämtern suchen. Denn über all diese äußeren Dinge besitzt man keinerlei Verfügungsgewalt. Was ist das für ein Glück, das zusammen mit dem Reichtum verschwindet? Wie tragend ist ein Lebenssinn, der sich mit dem Verlust eines Amtes auflöst? Wer auf diese Äußerlichkeiten baut, verfehlt sein Leben. Die Seele kann ihrem Vermögen nach nicht in Einsicht und Vernunft wirken. Sie verfällt aus Unwissenheit dem Schlechten und wird die Glückseligkeit nicht erfahren.

Am Ende seines Lebens kann Sokrates seine Armut als Beweis seiner Tugendhaftigkeit anführen. Er habe das Dasein damit zugebracht, Selbsterkenntnis zu üben, und keine Zeit darauf verschwendet, Besitz und Renommee anzuhäufen. Seinen letzten Gang geht er denn auch in völliger Gelassenheit. Zum Tode verurteilt, weil er angeblich die Götter gelästert und die Jugend verdorben habe, trinkt er den Schierlingsbecher ungerührt, nicht ohne sich vorher beim Scharfrichter zu erkundigen, auf welche Weise er die effektivste Wirkung zeitige. So beweist Sokrates, wie wenig man an der Welt des Materiellen zu hängen braucht, wenn man sein Leben dem Vermögen der Seele gemäß auf Verstand und Vernunft ausgerichtet hat. Dann kann man sogar den eigenen Körper gehen lassen, und der Schrecken des Todes verlischt. Vor seiner Hinrichtung spricht Sokrates zu seinen Freunden wohl die gelassensten letzten Worte, die je einem Menschen in einer solchen Situation über die Lippen gekommen sind: »Es ist Zeit, dass wir gehen; ich um zu sterben, und ihr um zu leben. Wer aber von uns beiden zu dem besseren Geschäft hingehe, das ist allen verborgen außer Gott.«[2]

Mit seiner Art des Philosophierens gibt Sokrates den Startschuss zur Erforschung der denkenden Substanz. Er beschließt jene Epoche, die wir heute als die der Vorsokratiker bezeichnen und in der auf materialistische Weise über die Weltprinzipien und ersten Ursachen aller Prozesse spekuliert wurde. Sokrates gibt dem Nachdenken unter und über den Menschen seinen Platz und leitet somit das große Projekt der Selbstreflexion ein. Die Frage nach dem Sitz der Empfindungen und nach den Mechanismen des Geistes ist damit, wenn nicht explizit, so doch implizit gestellt. Nun muss sie ausformuliert werden.

Wie die Seele unsterblich wird

Platon (428/427–348/347 v. Chr.) gehört zu der Schülerschar, die Sokrates durch Athen folgt. Anders als sein Lehrer, der zeitlebens keine einzige Zeile schreibt, hält er all seine Gedanken fest und errichtet ein philosophisches Gebäude, auf das alle Denker nach ihm Bezug nehmen werden. Der britische Philosoph Alfred North Whitehead (1861–1947) wird zweieinhalbtausend Jahre später konstatieren, dass die gesamte abendländische Philosophie lediglich aus Fußnoten zu Platons Werk bestehe.[3] Seine Bewunderung für Sokrates drückt Platon aus, indem er ihm die Hauptrolle in seinen philosophischen Dialogen gibt.

Besonders im *Timaios* geht es um die Natur der Seele, die von Platon als dreigeteilt erlebt wird. Die wichtigsten Themen des athenischen Stadtstaates begegnen einem hier wieder. Zuerst wäre da der Mut, den der Einzelne stets unter Beweis stellen muss, da man in den kriegerischen Zeiten – es geht um die Vorherrschaft im Mittelmeerraum – im Prinzip jederzeit zu den Waffen gerufen werden kann. Des Weiteren geht es den Hellenen, wie allen früheren und späteren zivilisatorischen Gemeinschaften, um den Umgang mit den Begierden, die bereits die Götter in Homers Epen ein ums andere Mal ins Verderben stürzen. Das Begehren ist jedoch nicht rundheraus abzulehnen, da es zugleich auch das Überleben sichert. Schließlich drängt etwas im Menschen nach Erkenntnis und Einsicht, wovon das Leben des Sokrates ein so strahlendes Beispiel gegeben hat.

Wo sitzt nun der Mut? Anders gefragt: Welches Organ reagiert am stärksten, wenn Mut gefordert ist? Welcher Teil des Körpers streckt sich stolz empor, um Widrigkeiten und Gefahren entgegenzutreten? Sicherlich die Brust, die vom Herzen ausgefüllt wird, das wie toll schlägt, sobald Mut verlangt wird, und vor Euphorie hüpft, wenn die gefährliche Situation überstanden ist. Platon verlegt den mutigen Seelenteil also ins Herz.

Und das Begehren? Wo fühlt man die Lust unter der hellenischen Sonne? Hierfür kommt nur der Unterleib infrage. Dort rumort die Kraft der Lenden, immer zum Ausbruch bereit.

Wo anders als im Kopf kann der erkennende Seelenteil sitzen? Stützt man ihn nicht in die Hände und reibt die gefaltete Stirn, sobald man sich über ein anspruchsvolles Problem Klarheit verschaffen möchte? Hier kann sich Platon, dem Empirie in der praktischen Welt fernlag, auf Hippokrates von Kos (480–370 v. Chr.) berufen. Jenen Vater der Medizin, der mit seinem Eid, wonach ein Arzt nur zum Nutzen des Patienten zu handeln hat, bis in unsere Tage hineinwirkt. Hippokrates hat zwar keine sonderlich hohe Meinung von dem Organ »in der geräumigen Kopfhöhle«, das »weiß und bröckelig«[4] sei und höchstens den Stellenwert einer Drüse haben könnte. Doch immerhin billigt er dem Gehirn zu, als Mittler des Verstandes zu fungieren. Als ursächlich aber für alle intellektuellen Höhenflüge sieht er die Luft an. In ihr lägen alle höheren geistigen

Eigenschaften, sie sei es, die dem Gehirn Einsichtsfähigkeit gäbe, da sie dort oben zuerst und in reinster Form ankäme. Auch Platon sieht den erkennenden Seelenteil im Kopf. Zwar hält er nichts von der Luft als geistigem Medium, dennoch verleiht er der denkenden Substanz im Gehirn einen besonderen Status, da er in ihr den Sitz der unsterblichen Seele vermutet.

Für Platon ergibt sich demnach eine aufsteigende Qualität der Seelenteile: Im Rumpf das Begehren und die Gier, die den Menschen dem Tier ähnlich macht und außer sich treibt, zugleich jedoch sein Überleben als Art und als Individuum sichert, da sie ihn mit Nachkommen und Nahrung versorgt. Darüber im Herzen der Mut, der die Kraft zum Standhalten gibt. Doch ohne Vernunftbegleitung kann Mut zu Tollkühnheit werden. Deshalb muss über allem der erkennende Seelenteil thronen, der sowohl dem Mut als auch den Begierden die Richtung vorgibt.

Platon sieht mit dem Gehirn eine Instanz am Werk, die in der Lage ist, die beiden niederen Seelenteile zu beherrschen und auf diese Weise eine Harmonie herzustellen, wie sie im Großen nur im gerechten Staat möglich ist. Ebendieses Gemeinwesen entwickelt Platon in seiner dialogischen Untersuchung *Politeia* mithilfe dreier Stände, die ihm als Analogie für die Seelenkräfte dienen: Die Handwerker stehen für den begehrenden und versorgenden Teil (*epymetikon*), der die Führung durch den Verstand benötigt. Diesen sieht Platon im Philosophen repräsentiert, weswegen er nur jenen Staat für gerecht erachtet, in dem die Philosophen Herrscher oder die Herrscher Philosophen werden. Auch der durch den Stand der Wächter und Soldaten verbildlichte mutige Seelenteil (*thymoeides*) steht in Platons gerechtem Staat unter dem Diktat der Philosophenkönige und ist mithin direkt dem erkennenden Seelenteil (*logistikon*) unterstellt.

Die Wirkmechanismen des Körpers interessieren Platon nur am Rande. Er weiß, dass überall im Körper Blut fließt, denn wo immer man sich auch verletzt, es dauert nicht lange, bis sich die Wunde rot färbt. Welcher Stoff also wäre besser geeignet, um einerseits die Sinnesempfindungen im ganzen Körper zu verteilen und andererseits die Anweisungen aus dem Kopf an die niederen Seelenteile zu übermitteln? Warum gerade Blut ein derart omnipotentes Medium sein soll? Platon hält die Spekulation darüber, warum wir überhaupt einen Körper haben, für wesentlich spannender. Denn für die unsterbliche Seele würde durchaus der Kopf allein genügen, der passenderweise die »Gestalt des Alls nachahmt«. Da aber so eine herumrollende Kugel »nicht in unlösbare Schwierigkeiten geraten solle«,[5] hat sie sich mit Gliedmaßen beholfen, die in der Lage sind, das unebene Geläuf geradezu spielerisch zu bewältigen. Als Vorsichtsmaßnahme aber, damit die unedleren Bereiche des Körpers nicht den unsterblichen Seelenteil im Kopf beeinflussen, wurde mit Hals und Genick eine Art Nadelöhrkonstruktion im Sinne einer »Grenze zwischen Kopf und Brust«[6] eingesetzt.

Der erkennende Seelenteil erweist sich für Platon durch einen einfachen, aber zwingenden logischen Schluss als unsterblich. Wie ist es möglich, dass wir uns sofort darüber einig sind, wie Dinge beschaffen sein müssen, damit wir sie beispielsweise als Häuser bezeichnen, und welchen Dingen wir diese Klassifizierung verweigern würden? Wie geht das, obwohl doch kein Haus wie das andere aussieht? Wir müssen nicht einmal darüber nachdenken, sondern können sogar bei einem Objekt, das wir noch nie in unserem Leben gesehen haben, sofort sagen: Das ist ein Haus! Das gleicht doch einem Wunder. Doch Wunder sind nichts für den Logos, sie beschämen ihn eher. Platon findet eine elegante Lösung. Für ihn gibt es ein Reich der Ideen, in dem alle Urbilder abgelegt sind. Hinter oder über allen einzelnen Dingen, die sich in der Welt unserer Wahrnehmung zeigen, steht eine Idee des Dings. Diese Idee ist es nun, die unterschiedlichste Organismen erst zu Tieren macht. Die Ideen sind jedoch nicht unmittelbar wahrnehmbar, sonst würden wir auch keine Dachse, Mäuse und Tintenfische, sondern nur die Urbilder derselben sehen. Dem erkennenden Seelenteil aber sind sie sehr wohl zugänglich. Er hat die Ideen in einem jenseitigen Dasein schon einmal gesehen, jedoch beim Eintritt in den Körper vergessen. Nur die Ordnung der Dinge in der Welt der Anschauung, die es erlaubt, verschiedenste Lebewesen als Tiere und vielgestaltige Gemäuer als Häuser zu erkennen, erinnert noch an die Präexistenz jener Ideen. Da der erkennende Seelenteil die Ideen geschaut hat, bevor er in den Körper kommt, muss er eine Existenz jenseits des Körperlichen haben. Wenn er aber bereits vor dem Körper existierte, spricht kein Grund dafür, dass es ihn nach dessen Ableben nicht mehr geben sollte. Ergo ist der erkennende Seelenteil unsterblich und mietet sich gleichsam für die Lebenszeit des Körpers im Kopf ein.

Kühlung des Blutes

Im alten Griechenland bilden oft überraschend einfache Beobachtungen den Ausgangspunkt für geistige Abenteuer. Schaut man sich einmal mit einem naiven, unvoreingenommenen Blick den Kopf eines Menschen an, sieht man in etwa folgendes: Durch einen Schlitz wird Nahrung zugeführt. Eine zweilöchrige Ausstülpung dient zum Riechen, zwei verschließbare Ovale zum Sehen. Am Rande liegt je eine Muschel, die offensichtlich gut zum Hören taugt. Die Stirn gibt dem Gesicht eine ästhetische Note, ebenso die Haare und die Haut, die sanft die Knochen überspannt. Der Kopf ist ein Apparat für die Sinne, der mehr oder minder gut aussieht. Das ist alles. Ansonsten fällt er nur dadurch auf, dass er hin und wieder Schmerzen verursacht. Darüber hinaus gibt es in seinem Inneren nichts zu fühlen. Ganz anders dagegen das Herz: Es schlägt. Es pulsiert. Es kann empfinden. In heftiger Erregung fliegt es geradezu, nimmt einem fast den Atem. Es gerät sogar ins Stolpern, kann aber auch in tiefer Entspannung kaum noch spürbar sein. Bei schweren Schicksalsschlägen zieht es sich voll Trauer zusammen und bricht, wenn man keinen Ausweg mehr findet. So ist doch allem Anschein nach das Herz und nicht der Kopf das Zentrum des Lebendigen. Ein weiteres schlagendes Argument hierfür ist die Tatsache, dass ein Stich ins Herz immer tödliche Folgen hat, während Kopfverletzungen mit etwas Glück verheilen können.

Aristoteles (384–322 v. Chr.) nimmt diese Beobachtung als Grundlage für seine Sicht auf den Sitz der Seele. Als er in Tierversuchen feststellt, dass ein freigelegtes Gehirn inklusive seines Trägers nicht reagiert, wenn man es berührt, misst er diesem Organ lediglich untergeordnete Aufgaben zu. Es habe nicht einmal »Verbindung mit den Sinnesorganen«.[7] Da die schwitznasse Stirn des südländischen Menschen oft die kühlste Stelle des Körpers ist, kommt Aristoteles nach reiflicher Überlegung zu der Überzeugung, dass dem fühllosen Hirn im menschlichen Organismus die Funktion zukommt, das hitzige Blut zu temperieren. Da alles in der Natur sein Gegengewicht brauche, »hat die Natur als Gegenstück zur Herzgegend und der im Herzen befindlichen Wärme das Gehirn ersonnen … Das Gehirn temperiert die im Herzen enthaltene Wärme«.[8]

Wie treffend die Intuition des Aristoteles auch in dieser Richtung war, zeigt sich in der Theorie der amerikanischen Anthropologin Dean Falk (*1944), die das rasante Hirnwachstum des Menschen auf das spezielle Kühlsystem in seinem Kopf zurückführt. Mit dem aufrechten Gang entstand im Hirn ein Netzwerk aus feinsten Venen, das, ähnlich den Lamellen eines Kühlschranks, effektiv Hitze abführen konnte. Das war bei der Verdreifachung der Gehirnmasse gegenüber den Schimpansen dringend nötig, denn Hirngewebe verbraucht sechzehnmal mehr Energie als Muskelgewebe und produziert dementsprechend viel Wärme.

Aristoteles kennt wie sein Lehrer Platon mehrere Seelen, die für verschiedene Bereiche zuständig sind. Dabei legt er ein unaufgeregt sachliches Verständnis der Seele an den Tag. Sie übernimmt in seiner Sichtweise die Funktion, ein vorhandenes Vermögen umzusetzen. So wie das Licht dem Auge das Sehen ermöglicht, entfaltet die Seele die angelegten Eigenschaften, alles, »was nach seiner Möglichkeit zu sein vermag«.[9] Alle Lebewesen beispielsweise besitzen – anders als Gegenstände – die prinzipielle Eigenschaft, lebendig zu sein. Die Seele ermöglicht es nach Aristoteles den Pflanzen, Tieren und Menschen, diese Lebendigkeit zu praktizieren. Ein toter Organismus kann durchaus ebenso viele Anlagen besitzen wie ein lebendiger. Nur fehlt ihm das Entscheidende – die Beseeltheit, die ihm dabei hilft, diese Anlagen auch in Szene zu setzen.

Zwei Seelen in der Brust

Das Prinzip der Ermöglichung findet Aristoteles auf den verschiedenen Ebenen des Lebendigen, in der Ernährungsseele ebenso wie in der Wahrnehmungsseele, beide sieht er im Herzen beheimatet.[10] Die Ernährungsseele startet ihr Wirken zwar im Mund, in dem die Oliven ebenso wie der Hammel und das Brot zerkleinert werden, aber zu wirken beginnt die Nahrung erst, nachdem sie geschluckt ist. Damit verschwindet sie auch aus dem Bereich des Kopfes. Aristoteles schaut nun streng auf die Funktion: Was macht die Ernährungsseele? Was ermöglicht sie? Was ist in den Nährstoffen angelegt, das es zu entfalten gilt? Warum überfällt uns mehrmals täglich das Bedürfnis, etwas zu essen? Warum scheinen Tiere (fast) überhaupt nichts anderes im Sinn zu haben? Warum strecken Pflanzen ihre Wurzeln sogar um Felsen herum nach Nährstoffen aus? Was die Ernährungsseele ermöglicht, sieht man gut, wenn ihr der Stoff ausgeht. Die Organismen leiden Hunger, werden kraftlos und lethargisch. Somit ermöglicht sie dem Organismus Aktivität. Sie feuert ihn an. Das Blut wird mithilfe der Nahrung vom Herzen her erhitzt, wie der Wasserkessel auf dem Herd. Wie dieser braucht das erhitzte Blut eine Regulationsmöglichkeit. Den überkochenden Topf nimmt man vom Herd, während das heiße Blut ins Hirn transportiert und abgekühlt wird.

Auch für die zweite, die Wahrnehmungsseele, spielt das Herz die entscheidende Rolle. Die Sinne sind für Aristoteles unbestechlich, und zwar in einer sehr grundsätzlichen Hinsicht. Sie können immer nur eine bestimmte Qualität der Umgebung vermelden: die Augen Farben, die Nase Gerüche, die Haut Berührung, die Zunge Geschmack und die Ohren Laute. Das Gesamterlebnis eines Gegenstands, der im besten Fall riecht, in Farben erstrahlt, Geräusche von sich gibt, den man schmecken und berühren kann, vermag uns keiner der einzelnen Sinne zu bieten. Hierzu braucht es mehr als nur Wahrnehmung. Die Welt nicht nur auf Reize abzutasten, sondern sie wirklich in ihrer Fülle zu erleben, das kann für Aristoteles nur das Herz als Zentralorgan der Lebendigkeit leisten.

Diese Einsicht liegt nah bei der des deutschen Physiologen Johannes Müller (1801–1858), der im 19. Jahrhundert im sogenannten Gesetz der spezifischen Sinnesenergien definiert, dass jede Sinneszelle gar nicht direkt auf die Umwelt reagieren kann. Egal, was die Zelle erregt, sie meldet immer nur, was sie melden kann. Sie spricht nur ihre eigene Sprache und nicht die der Umwelt. Der österreich-amerikanische Kybernetiker Heinz von Foerster (1911–2002) nimmt diesen Umstand Ende des 20. Jahrhunderts zur Grundlage für den erkenntnistheoretischen Konstruktivismus, nach dem der Reichtum unserer Erlebniswelt vom Gehirn konstruiert wird. Diese Theorie ist mittlerweile auch unter Hirnforschern Konsens.

Die Vernunft regiert nach Aristoteles in der dritten Seele, die uns Menschen exklusiv gegeben ist, während die Wahrnehmungsseele auch in Tieren und die Ernährungsseele auch in Pflanzen wirkt. Was aber ermöglicht die Geist- oder Vernunftseele dem Menschen? Wie erschafft sie den offensichtlichen Unterschied zwischen Tier und Mensch? Was leistet sie, damit Menschen Sprache und Kultur ausbilden können? Oder anders gefragt: Was macht einen Gedanken zu einem Gedanken?

Dazu ein Beispiel, das Aristoteles selbst zur Beschreibung des logischen Denkvermögens heranzog. Er ging von einer stimmigen und allgemeingültigen Aussage wie »Alle Menschen sind sterblich« aus. Nun kann man auf der Grundlage dieses Satzes weitere Aussagen treffen. Aristoteles wählte zur Verdeutlichung: »Sokrates ist ein Mensch.« Mit Gewissheit kommt man nun zu dem Schluss: »Sokrates ist sterblich.«

Was ist hier geschehen? Zuerst wurde die Beobachtung der Wahrnehmungsseele, dass Menschen sterben, verallgemeinert und daraufhin mithilfe einer logischen Operation eine Einzelfallanwendung ausgeführt. Das alles geschah in einem Bereich, der jenseits der unmittelbaren Wahrnehmung liegt. Die Wahrnehmungsseele könnte uns lediglich befähigen, die Menschen aufzuzählen, die wir sterben sahen. Um also mit ihrem Vermögen zu der Aussage zu gelangen, dass *alle* Menschen sterblich sind, müssten wir erst das Ende der menschlichen Gattung abwarten. Dann aber lebt auch kein Mensch mehr. Für die Art des hier notwendigen abstrakten Denkens benötigt der Mensch die Vernunftseele, die sich über die konkreten Beobachtungen der Wahrnehmungsseele erheben kann. Sie ermöglicht dem Menschen, den in ihm angelegten Geist fliegen zu lassen und Zusammenhänge zu erkennen, wo die Wahrnehmung nur Momentaufnahmen erkennt.

Wo hat nun diese dritte Seelenform ihren Sitz? Der Kopf scheidet für Aristoteles aus, ihn weiß er mit Kühltätigkeiten befasst. Aber auch das Herz ist nicht der richtige Ort für die Vernunftseele, denn die geistigen Abenteuer haben mit der unmittelbaren Lebendigkeit, die in der Brust sitzt, nichts zu tun. Um zu denken, braucht man keine Empfindungen. Im Gegenteil, je weniger Ablenkung es gibt, umso präziser kann die Vernunft arbeiten. Wo also befindet sich die Geistseele? Gegenfrage: Wo befindet sich die Einsicht, dass Sokrates sterblich ist? In mir? Jetzt ja, aber es gäbe die Einsicht auch, wenn ich gar nichts davon wüsste. Aristoteles ordnet der Geistseele dementsprechend weder einen Bereich des Körpers noch ein spezielles Organ zu. Sie ist überall und nirgends. Anders als Wahrnehmungs- und Ernährungsseele vergeht sie auch nicht zusammen mit dem Körper. Wäre dem so, müsste jeder Mensch noch einmal alles Wissen und Können vom Faustkeil an selbst ergründen. Die unsterbliche Geistseele wird von Aristoteles, der sich hierin als Schüler Platons zu erkennen gibt, als ein wirkendes Prinzip gesehen, das den Verstand ermöglicht. Deshalb kann sie weder individuell sein, noch kann sie sterben. Im Zusammenwirken mit der Wahrnehmungsseele kann sie dem Menschen jedoch zu ganz persönlichen Einsichten verhelfen: über die Dinge der Welt, aber auch über sich selbst, ebenso wie über Kopf und Herz.

Der Sitz der Geistseele, die wir heute Bewusstsein nennen, ist noch immer nicht geklärt. Trotz enormer Anstrengungen haben die Hirnforscher bislang keinen Ort gefunden, der für die Einheit unseres Bewusstseinsstromes verantwortlich ist. Der Neurowissenschaftler Christof Koch (*1956) vom California Institute of Technology hat sein gesamtes wissenschaftliches Leben diesem Forschungsfeld gewidmet und ist mittlerweile zu dem Schluss gekommen, dass Bewusstsein nicht aus den komplexen neuronalen Netzen erwächst, sondern eine elementare Eigenschaft lebender Materie ist, die sich nicht von etwas anderem ableiten lässt: »Ich sehe nicht, wie sich die Trennung zwischen Geschöpfen ohne und mit Bewusstsein durch mehr Neurone überbrücken ließe.«[11]

Mit den Überlegungen von Aristoteles entsteht im alten Griechenland bereits ein umfassendes Bild der Wahrnehmungs- und Denkvorgänge, auch ohne die Verwendung von Begriffen wie Nerven oder elektrische Leitfähigkeit. Aristoteles erweist sich als hellsichtig bei den allgemeinen Prinzipien, hingegen als hoch spekulativ, wenn es um konkrete Mechanismen geht. Etwa bei der Frage, auf welche Weise die Sinneseindrücke vom Kopf zu der von ihm apostrophierten Lebenszentrale im Herzen gelangen.

Was ist der Urstoff, der Leben spendet?

Auch in dieser Frage wird man wiederum bei unmittelbaren Alltagsbeobachtungen fündig. Das Feuer ist eminent wichtig für das Leben in der Antike. Die griechischen Häuser sind um die Feuerstätte herumgruppiert, ihre enorme Macht demonstrieren die Flammen, wenn sie ganze Waldstriche vernichten. Warum also nicht das Feuer als erstes Lebensprinzip ansehen? Oder ist die Erde als Element letztlich wichtiger? Schließlich reift und gedeiht auf und in ihr alles, was man zum Leben braucht, in ihr muss der Keim des Lebendigen stecken. Und was ist mit dem Wasser? Zweifellos ist es die Grundlage aller Fruchtbarkeit, lässt sein Fehlen doch die Pflanzen vertrocknen und die Menschen jämmerlich verdursten. Es gibt aber noch ein viel lebensnotwendigeres Element, das einem keine zweihundert Herzschläge fehlen darf: die Luft!

Einer der prominentesten Vertreter dieser Auffassung ist Diogenes von Apollonia (499–428 v. Chr.) – nicht zu verwechseln mit jenem Diogenes von Sinope (410/405–323/320 v. Chr.), der seinen Landsleuten die Bedürfnislosigkeit aus der Tonne heraus vorlebt. Dieser behauptet, zum Leben nicht viel mehr zu brauchen als Luft, während Diogenes von Apollonia zum Denken kaum etwas anderes benötigt. Für den Arzt und Naturphilosophen stellt sich die äußerst wandlungsfähige Luft nicht einfach nur als ein Element, sondern als ein Prinzip dar, das durch Verdichtung alle Gegenstände und durch Verdünnung alle Flüssigkeiten schafft.

Auch bei der Übertragung der Sinnesinformationen spielt Luft die entscheidende Rolle durch ihre besondere Eigenschaft, sich mit allem mischen zu können. So im Inneren des Kopfes – Diogenes von Apollonia ging davon aus, dass die Wahrnehmung größtenteils im Gehirn verarbeitet wird – mit der Luft, die von den Ohren und der Nase kommt, nachdem diese sich mit der tönenden und riechenden Luft draußen zusammengetan hat. Mithilfe dieser mehrstufigen Mischung werden die Hör- und die Sehinformationen weitergeleitet. Bei den anderen Sinnen läuft das im Prinzip ähnlich, wobei diese als Fortleitungskanäle das Blut benutzen, mit dem sich die Luft hervorragend mischen kann, da ja alles – so auch das Blut – aus der Luft entstanden ist.

Aristoteles übernimmt dieses Konzept von Diogenes von Apollonia, veredelt es jedoch erheblich, und dies nicht nur, indem er das Hirn gegen das Herz als Lebenszentrum austauscht. Zunächst testet er, ob sein Lehrer Platon mit der Behauptung Recht hatte, dass die Informationen der Sinne durch das Blut übertragen werden. Abermals ist sein empirisches Vorgehen bestechend einfach: Bei Tier wie Mensch schmerzt eine blutende Wunde. An der Intensität des Schmerzes ändert sich jedoch nichts, wenn man das austretende Blut berührt. Aristoteles schlussfolgert daraus, dass Blut empfindungslos sei und deswegen auch keine Sinnesdaten weiterleiten könne. Aber nahrhaft ist es, wie man von den (männlichen) Bürgern Spartas weiß, die mit großem Gewinn ihre weit über die Polis hinaus bekannte Blutsuppe schlürfen. Somit erklärt Aristoteles das Blut zum Träger der Nährstoffe und ordnet es der Ernährungsseele zu. Für die Wahrnehmungsseele und die Geistseele aber ist die Luft zuständig, von Aristoteles Pneuma genannt, womit er auf den Umstand hinweisen möchte, dass die innere Luft an- und eingeboren ist (*pneuma* steht im Griechischen auch für »Geist«). Der Körper nimmt sie nicht etwa von außen auf wie die Atemluft, sondern hat sie von Geburt an in speziellen Hohlräumen und Gängen vorrätig. Aristoteles sieht im Pneuma – wie Diogenes von Apollonia in der Luft – das Prinzip des Lebens, weswegen er es schließlich *spiritus animalis* nennt: Lebensgeist.

Der Blick in den Schädel

Zwar zeigen sich die Griechen eher an großen Entwürfen als an akribischer Erkundung von Details interessiert, doch wenn sich die Gelegenheit bietet, wird durchaus auch zu Hammer und Stechbeitel gegriffen. Namentlich von Herophilos von Chalkedon (330–255 v. Chr.), dem griechischen Leibarzt von Ptolemaios I. (367–282 v. Chr.). Er geht den für seine Zeit eher ungewöhnlichen Schritt, die aristotelischen Theorien in der Praxis zu überprüfen. Dabei findet er tatsächlich die von dem Philosophen angeführten luftgefüllten Gänge. Sie sind zwar sehr viel kleiner als angenommen, aber um das Pneuma zu transportieren, genügen schließlich die geringsten Durchmesser. Herophilos nennt diese Gänge Fäden – griechisch *neuron*[12] –, weil sie sich wie solche spinnennetzartig durch den gesamten Körper ziehen. Wundersamerweise konzentrieren sich diese Fäden jedoch nicht im Herzen, wie nach der Theorie des Aristoteles zu erwarten gewesen wäre, sondern im Kopf. Herophilos lokalisiert den Ursprung der Nerven noch genauer in Kleinhirn und Rückenmark und unterteilt sie in zwei Klassen: Die sensorischen Nerven leiten die Sinnesinformationen, während die motorischen die Bewegungen steuern.

Insgesamt ist das in der Kopfhöhle ruhende Gebilde denkbar kompliziert gebaut. Herophilos entdeckt dort die Hirnkammern – die Ventrikel – sowie die Hirnhaut. Darüber hinaus unterscheidet er zwischen Groß- und Kleinhirn und stellt sich die Frage, weshalb für ein Kühlsystem ein derartiger Aufwand getrieben wird. Außerdem ist es in Betrieb nicht einmal richtig kalt! Jawohl – in Betrieb! Denn Herophilos besitzt die königliche Erlaubnis, die Körper von Übeltätern, die zum Tode verurteilt sind, gemeinsam mit seinem Schüler, dem Anatomen Erasistratos (305–250 v. Chr.), bei lebendigem Leibe zu öffnen. Allerdings holt die beiden ihr ethisch bedenklicher Forschungsansatz möglicherweise selbst ein, zumindest gibt es Berichte des römischen Geschichtsschreibers Aulus Cornelius Celsus (25 v. Chr.–50 n. Chr.), nach denen Herophilos und Erasistratos schließlich zum Tode verurteilt und vivisektiert wurden. Die um fünf Jahre differierenden Todesdaten der beiden sprechen allerdings dagegen.[13]

Herophilos entdeckt, mutmaßlich unter höllischen Schreien seiner Opfer, zwei Arten von Adern. Die Venen transportieren seiner Meinung nach das an Nährstoffen reiche Blut, in den Arterien hingegen findet sich das Lebenspneuma, das er vom geistigen Pneuma unterscheidet. Letzteres kommt vom Gehirn, pulsiert in den Nerven und bewegt den Körper, während das Lebenspneuma für die grundsätzliche Vitalität des Organismus verantwortlich ist und vom Herzen stammt. Es gelangt auf eine besondere Weise in die Arterien (ein technisches Modell, das der späteren Anatomie des römischen Arztes Galenus Pate steht): Wie bei einem Blasebalg erweitern sich die Arterien rhythmisch und saugen das Pneuma an. Diesen Mechanismus macht Herophilos auch verantwortlich für den Pulsschlag.

Doch warum bluteten die Arterien dann? Diese Tatsache, die nicht nur bei Vivisektion, sondern auch bei alltäglichen Verletzungen nicht zu leugnen ist, beschäftigt den rasch vom Schüler des Herophilos zum Meister aufsteigenden Erasistratos. Er beobachtet genau, was bei einer Verletzung der Arterie geschieht. Nämlich zuerst einmal nichts! Mit zeitlicher Verzögerung tritt dann Blut aus. In einer eleganten Erklärung orientiert er sich nun ebenfalls am Blasebalg als technischem Prinzip. Bei einer Verletzung der Arterie, so Erasistratos, entweicht zuerst das Pneuma durch das Loch in der Gefäßwand. Da es gasförmig und geruchslos ist, bekommen wir davon jedoch nichts mit. Wenn das Pneuma entwichen ist, entsteht ein Vakuum in der Arterie, das seinerseits über einen raffinierten Mechanismus Blut ansaugt. An den haarfein auslaufenden Endungen von Arterien und Venen seien diese nämlich miteinander verbunden. Der durch das verloren gegangene Pneuma entstandene Unterdruck saugt nun über diese Verbindung Blut aus der Vene in die Arterie, das schließlich durch die verletzte Stelle austritt.

Erasistratos bewies mit dieser Erklärung messerscharfe Intuition. Es gibt tatsächlich einen Übergang zwischen Arterien und Venen, der von mikroskopisch feinen Kapillaren gebildet wird. Über diese Kapillaren erfolgt der Sauerstoff- und Nährstoffaustausch mit dem Gewebe.

Der Geist in den Ventrikeln

In der römischen Kultur ist das Öffnen des menschlichen Körpers verboten. Sowohl im lebendigen als auch im toten Zustand. Ansonsten allerdings geht es in jener Epoche weniger empfindsam zu. Für den Kulturhistoriker Oswald Spengler (1880–1936) trägt das Alte Rom die typischen Kennzeichen des Untergangs, den er dem gesamten Abendland prophezeit.

Eine Auswahl der Instrumente, mit denen in der Antike seziert wurde. Dabei standen auch Vivisektionen, also chirurgische Öffnungen lebender Körper, auf dem Programm, sogar von Menschen.

Er teilt Kulturen in Analogie zu den Jahreszeiten ein und sieht in Griechenland den Herbst heraufziehen, in dem die reifen Früchte geerntet werden und die geistige Gestaltungskraft zu voller Blüte gelangt. Das Römische Reich dagegen siedelt er im Winter an. Die weltstädtische Zivilisation bricht heran, das Dasein verliert seine innere Form. »Luxus, Sport, Nervenreiz, schnellwechselnde Moden ohne symbolischen Gehalt« bestimmen das Leben.[14] Diese dekadente Welt bringt keine großen Entwürfe mehr zustande. Wozu auch? Es ist alles da. Für die materiellen Güter sorgt die Kolonialstruktur des Römischen Reiches, das sich zur Kaiserzeit über weite Teile Europas ausbreitet. Die Philosophie liegt mit den Denkgebäuden von Platon und Aristoteles schulbildend vor, und es geht eher um das Spiel mit dem gewaltigen griechischen Erbe als um den Ernst der Neuschöpfung. Der Eklektizismus greift um sich. Man fühlt sich nicht so sehr einer Schule verpflichtet und ist auch nicht mehr daran interessiert, die Theorie in all ihrer Komplexität zu durchdringen, sondern bedient sich einfach an dem, was einem zusagt.

Auch unter den Ärzten im Rom der Kaiserzeit grassiert der Eklektizismus. Bei Galenus (129–199) fällt dieser Geist auf besonders fruchtbaren Boden. Das Wunderkind kann an seinem dreizehnten Geburtstag bereits auf die Publikation mehrerer Bücher zurückblicken. Es ist wohl nicht nur sein Intellekt, sondern auch die geschickte Art, mit der er das Skalpell führt, die ihn schließlich zu einer Autorität in medizinischen Fragen und zum Leibarzt von Marc Aurel (121–180) erhebt, der aufgrund seiner an der Stoa geschulten Schriften als Philosophenkaiser in die Geschichte eingehen wird.

Wegen des Sezierverbots menschlicher Körper macht sich Galenus an Tieren zu schaffen, um seine anatomischen Kenntnisse zu erweitern. Dabei zeichnet ihn auch ein Sinn für Effekte aus; zumindest wird berichtet, dass er ein großes Publikum verblüfft, weil er ein lebendiges Schwein mit einem einzigen Schnitt am ganzen Körper lähmen kann. Offensichtlich gelingt es Galenus, punktgenau die Nervenbündel im Nacken seines Opfers zu durchtrennen. Auch kann er durch die gezielte Zerstörung von Teilen des Rückenmarks Atemstillstand sowie Querschnittslähmung erzeugen. Weiterhin nimmt er seinen Versuchstieren die Stimme, indem er den Kehlkopfnerv durchtrennt, also ohne die Stimmbänder zu beschädigen. Durch ein sicherlich ebenso schmerzvolles wie überzeugendes Experiment weist er nach, wo der Urin gebildet wird. Zu seiner Zeit rechnet man diese Funktion allgemein der Blase zu. Galenus bindet den Harnleiter ab und verfolgt den Rückstau. Auf diese Weise erkennt er, dass die Niere den Urin produziert. Viele Affen müssen wegen ihrer Ähnlichkeit zum Menschen ihr Leben in seinen Vivisektionen lassen. Bei lebendigem Leibe trägt er ihnen in möglichst dünnen Schichten das Gehirn ab, um die Auswirkungen auf die Wesensverfassung zu erkunden. Darüber hinaus gewinnt er auch als ärztlicher Betreuer der Gladiatoren wertvolle Einsichten in Aufbau und Funktionsweise des menschlichen Körpers.

Mit der Souveränität des Eklektikers übernimmt Galenus die Pneumalehre des Aristoteles als Grundkonzept und baut es weiter aus. Er sieht, anders als der griechische Philosoph, insgesamt drei Formen des *spiritus* im Körper: Zuerst den *spiritus naturalis*, der den Körper ernährt. Er entsteht Galenus zufolge in der Leber. Von dort aus werden die Nährstoffe an die anderen Organe verteilt. Der Hauptteil jedoch gelangt durch die große von Galenus beschriebene Hohlvene ins Herz. Genauer in die rechte Kammer. Während sich das Herz in der Entspannungsphase mit Blut füllt, saugt der linke Ventrikel das nährstoffreiche Blut an und wandelt es mithilfe der besonderen Eigenschaften des eingeborenen Pneumas in den *spiritus vitalis* um. Diese Lebenskraft bewerkstelligt die wichtigen Prozesse der Wärmeregulation und der Blutbewegung. Das Blut-Luft-Gemisch wird in der Kontraktionsphase des

Herzens durch die Arterien in den Körper gepresst (daher auch die Etymologie des Wortes »Arterie«, zusammengesetzt aus dem griechischen *aér* für »Luft« und *teréein* für »enthalten«). Hätte Galenus bei seinen Vivisektionen die vor dem Hintergrund seiner Konzeption keineswegs fernliegende Idee gehabt, Luft in die Arterien zu injizieren, wäre er vermutlich stark ins Zweifeln gekommen. Denn bereits zwei Milliliter Luft in der Hirnarterie können einen tödlichen Schlaganfall auslösen.

Der Anatom verfolgt nun das Arteriengeflecht bis ins Hirn, wo es immer feiner wird. Ein »wunderbares Netz« findet er dort vor, das an Kunstfertigkeit alles übertrifft, was er je von Menschenhand gefertigt gesehen hat. In dieser Region scheint besonders viel *spiritus vitalis* benötigt zu werden. Das bringt Galenus auf eine Idee. Die spektakulärsten Reaktionen zeigen die Versuchstiere, wenn er auf die Hohlräume im freigelegten Gehirn drückt oder diese anschneidet. Sie beginnen dann wild mit den Augen zu blinzeln oder fallen in eine Ganzkörperstarre. Die geöffneten Ventrikel erscheinen ihm leer, was für die Konzentration des luftigen Pneumas in den drei Hohlräumen spricht. Eine Idee, die bereits von Herophilos bekannt war. Der Eklektiker Galenus nimmt sich an dieser Stelle die Freiheit, sich von Aristoteles abzukehren, und folgert, dass die Ventrikel der Ort sind, an dem der Geist wohnt. Der an eine Walnuss erinnernden Hülle misst er eher Versorgungsaufgaben zu. Das Gehirn nimmt damit wieder die herausragende Stelle als Sitz des Denk- und Empfindungsvermögens ein. Aristoteles' Idee der Kühlfunktion lehnt Galenus schon aus rein logischen Gründen ab. Um dieser Aufgabe nachzukommen, wäre das Hirn viel zu weit vom pulsierenden Zentrum entfernt. Es hätte dann, nach dem österreichischen Wissenschaftstheoretiker Erhard Oeser, »in den Brustkorb rundherum um das Herz gelagert« werden müssen.[15]

Der *spiritus vitalis* gelangt also mit der Herzkontraktion in den Körper. Die größte Menge wird durch das hier besonders feine Arteriengeflecht ins Gehirn gedrückt, konzentriert sich in den Ventrikeln, trifft auf das eingeborene Pneuma und verwandelt sich schließlich in die höchste Form des Lebensgeistes, den *spiritus animalis*. Der wiederum bewegt sich in den drei Ventrikeln und ermöglicht geistige Prozesse. Schließlich wird er von den Nerven, die sich Galenus ebenso wie Herophilos als hohle Gänge darstellen, zu den entsprechenden Organen und Extremitäten befördert, wo er die intendierten Reaktionen hervorruft und die Wahrnehmung ermöglicht. Galenus unterscheidet insgesamt sieben Paar Hirnnerven, die er bei nordafrikanischen Affen findet. Heute kennen wir zwölf Paare.

Die Blutbewegung stellt sich Galenus linear vor. Die aus vier Säften bestehende Körperflüssigkeit wird immer aufs Neue gebildet und von den Organen für ihre spezifischen Leistungen von der Ernährung bis hin zur Synthese des *spiritus animalis* verbraucht. Dabei entstehen wiederum spezifische Abfallprodukte. Bei der Produktion des *spiritus naturalis* in der Leber sondert der Körper die überschüssigen Stoffe im Harn ab. Bei der Umwandlung in den *spiritus vitalis* entsteht Ruß, der über die Lunge entsorgt wird. Während des kompliziertesten Prozesses, der Herstellung des *spiritus animalis* in den Ventrikeln, fällt Schleim an, der seinerseits durch Nase und Rachen ausgestoßen wird.

So baut Galenus aus verschiedenen Thesen, eigenen Beobachtungsergebnissen und scharfsichtiger Intuition ein komplexes und in sich stimmiges System von den Vorgängen im Organismus auf, das er mit einem offensichtlich reichlich vorhandenen Charisma unter seine Zeitgenossen und in die Nachwelt bringt. Es wird sich in das Stammbuch der Wissenschaftsgeschichte einschreiben als das am längsten gültige Erklärungsmodell. Die Vorstellungen des Galenus von der Wertschöpfungskette im Inneren des Menschen werden fast tausendfünfhundert Jahre Bestand haben, ehe der englische Arzt William Harvey (1578–1657) in der ersten Hälfte des

17. Jahrhunderts entdecken wird, dass Blut im Körper nicht linear in eine Richtung, sondern immer im Kreis herum fließt.

Galenus schließt das antike Projekt der Erforschung des Gehirns ab. Nicht zu übersehen ist dabei, wie sehr sich seine Konzeption an die entscheidende technische Innovation seiner Zeit anlehnt. Sicherlich ist das Bauwesen Roms legendär, doch die eigentliche Ingenieurskunst war bei der Wasserversorgung der ersten Weltstadt gefragt. Eine Million Kubikmeter Wasser flossen täglich über insgesamt vierhundert Kilometer lange Aquädukte nach Rom, um die elf kaiserlichen Thermen, die mehr als neunhundert Bäder sowie zahlreiche Privathaushalte zu versorgen. Die Millionenstadt wies einen Pro-Kopf-Verbrauch von fünfhundert bis tausend Litern pro Tag auf. Zum Vergleich: Im Jahr 2005 lag der Wert in Deutschland bei gerade einmal hundertsechsundzwanzig Litern pro Kopf und Tag. Kein Wunder, dass sich die Wertschätzung für den jeweiligen Herrscher in Rom unmittelbar an sein Geschick band, das er bei der Aufrechterhaltung der Wasserversorgung an den Tag legte.

Einen wichtigen Bestandteil der Infrastruktur bildeten Brunnen und Zisternen, die bis zu hundert Millionen Liter Wasser fassen konnten. Sie bestanden aus mehreren Ebenen, in denen das Wasser von einer Schale in die nächste überlief. Die Römer bauten verschiedene Zisternen nebeneinander und ließen das gespeicherte Wasser von einer Zisterne in die nächste fließen, wobei sie Filter zwischenschalteten, die das Wasser reinigten. Diese Konstruktion mag Galenus vor seinem geistigen Auge gestanden haben, als er sein Modell entwarf. Der *spiritus* fließt von einem Körpergefäß ins nächste und ändert dabei seinen Reinheitsgrad bis hin zum geistigen *spiritus animalis*. In den Ventrikeln wiederholt sich dieser Prozess. Durch das Überlaufen des *spiritus animalis* von einem Ventrikel in den nächsten werden Empfindungen ausgelöst und Befehle an den Organismus gegeben. Und noch eine weitere Parallele lässt sich finden: So ausgereift die Technik der Römer auch war, so wenig Einsicht hatten sie in die Ökologie des Wasserkreislaufs. Für sie stellte sich die Versorgung mit Wasser als eine ebensolche Einbahnstraße dar, wie sie Galenus im Blutfluss sah. Im gesamten Mittelalter wird daran übrigens kein Zweifel laut werden.

MITTELALTER UND RENAISSANCE

Der Geist orgelt

Zu seinem Ende hin zeigt sich das Imperium Romanum anfällig für einen Virus. Dieser Krankheitserreger heißt Christentum. Zu Zeiten von Pontius Pilatus gelang es der Staatsmacht noch, sich der Infiltrierung zu erwehren. Doch gerade die Feldzüge gegen den neuen Glauben machen ihn letztlich zu einer unwiderstehlichen Religion. Jeder Gekreuzigte steht als Fanal für ein Bekenntnis zur Idee der Liebe. Völlig anders als die griechischen und römischen Götter, die sich in ihren amourösen Verstrickungen nur allzu menschlich gaben, zeigt sich der christliche Gott als einer, der über den weltlichen Dingen steht. Trotz seiner Unnahbarkeit aber erbrachte er den größtmöglichen Liebesbeweis. Er opferte den eigenen Sohn, um das Leid von den Menschen zu nehmen.

Doch die Liebesreligion ist ihrem Grundcharakter nach nicht übermäßig altruistisch. Vielmehr birgt sie einen perfiden Kern in sich. Denn aufgrund des alles Fassbare übersteigenden Opfers stehen die Menschen Gott gegenüber in einer gewaltigen Schuld, die zwar durch einen lasterfernen Lebenswandel gemindert werden kann, die aber letztlich nicht abzutragen ist. Der Gläubige ist auf die Gnade des Herrn angewiesen, er befindet sich in Gottes Hand. Auf diese Weise schreibt sich die zentrale Differenz zwischen Erlösten und Verdammten in die Kulturgeschichte ein. Um Letztere, die sich zu vieler Verfehlungen oder gar der Ungläubigkeit schuldig gemacht haben, steht es schlecht. Sie werden nicht die Reinheit göttlichen Lichtes erfahren, sondern stattdessen im Purgatorium Höllenqualen erleiden. Bald schon. Denn der strenge, aber liebende Gott hat in seiner Allmacht die Auferstehung Jesu bewirkt, der seinerseits noch einmal als Erlöser unter die

Menschen treten und fürchterliches Gericht halten wird. Die Apokalypse ist nahe, so die Botschaft des frühen Christentums. Sie kommt allerdings nicht als sinnlose Zerstörung daher, auch wenn sie die Nichtigkeit des Weltlichen aufzeigen wird, sondern als Offenbarung des gerechten und tröstlichen Reichs Gottes. Dein Wille geschehe!

Mit dieser Religion kann man Politik machen. Große, imperiale Politik! Die antiken Götter taugen zur Mythenbildung, geben gute Epen, Theaterstücke und Fabeln ab. Jahwe schmiedet als Gott der Juden ein Volk zusammen und lehrt, alle Unbilden in Frömmigkeit zu ertragen. Im Namen des unter die Menschen getretenen Gottes der Christen, der als Dreigestirn aus Vater, Sohn und Heiligem Geist besteht, kann man aber auch herrschen. So verwundert es kaum, dass die christliche Religion ihren Status in nur zweihundert Jahren vollkommen verändert und unter Kaiser Konstantin (etwa 280–337) zur Staatsreligion wird.

Im Namen der neuen Differenz zwischen Erretteten und Verdammten ordnet sich die Welt neu. Es wird missioniert, bekehrt, zwangsbeglückt und im Zweifelsfall gemordet. Das geschieht alles mit reinem Gewissen. Dafür bürgt Gott. Nur mit der Wiederkehr Christi will es nicht werden. »Die innerste Geschichte des Christentums ergibt sich aus dem sich nicht ereignenden Ereignis der Parusie«, schreibt der Religionsphilosoph Jacob Taubes (1923–1987).[16] Helle Köpfe sind gefragt, um diese Verzögerung zu erklären. So beginnt das Zeitalter der Theologen und der Kirche. An die Stelle des fürchterlichen Jüngsten Gerichts tritt die Predigt, anstelle eines neuen Messias gibt es Wein und etwa ab dem 8. Jahrhundert auch Oblaten.

In diesem Prozess der Theologisierung zeigt sich die christliche Lehre nicht unvereinbar mit der griechischen Denktradition. Platons Idee von der unsterblichen Seele im sterblichen Körper passt da gut. Was die Einzelheiten ihres

Eintritts ins Irdische betrifft, will man es jedoch nicht so genau wissen. Bei Platon verband sich damit die gesamte Erkenntnistheorie der Anamnesis, nach der das Leben ein Sich-wieder-Erinnern an die einst geschauten Ideen ist. Die christliche Lehre übernimmt davon lediglich die höhere Gewichtung der Seele gegenüber dem Körper. Letzterer stellt bloß das vergängliche Gefäß dar, in dem die göttliche Seele wohnt.

Warum sich mit dem Mittel zum Zweck beschäftigen, wenn man den Zweck vor respektive in sich hat? Warum die Blumenvase beachten, wenn sie wunderschöne Rosen trägt? Warum also den Leib thematisieren, wo man doch eine Seele sein Eigen nennt? Im christlichen Zeitalter interessiert nicht der Körper, sondern ausschließlich das Seelenheil. Naturforschung ist verpönt, denn es grenzt an Blasphemie, Gottes weisen Plan, nach dem er die materielle Welt geschöpft hat, ergründen zu wollen. So unterliegen Untersuchungen des Körpers – in lebendigem wie im toten Zustand – einem strikten kirchlichen Verbot.

Was bleibt in solch naturwissenschaftsfernen Zeiten, um über das Gehirn nachzudenken? Nur die Lehren der Alten. Ungeprüft und am Rande ihrer Beschäftigung mit geistigen Fragen übernehmen die Kirchenväter die Theorie von Galenus, nach der sich der *spiritus animalis* in den Hirnventrikeln bewegt. Der von der christlichen Kirche heiliggesprochene Augustinus (354–430) legt fest, dass sich drei Hohlräume im Gehirn befinden. Der vordere »enthält alle Sinnesfunktionen«. Die Informationen aus Zunge, Auge und Ohr treffen demnach dort ein. Der hintere Ventrikel, »nahe dem Nacken, ist der Ort des Gedächtnisses und schließlich der dritte zwischen den beiden kontrolliert alle Bewegungen«.[17]

Aber das Denken? Die Vorstellungskraft? Die Ratio? Für diese zweifelsfrei vorhandenen Qualitäten menschlichen Seins findet Augustinus keinen expliziten Platz im Gehirn. Vielleicht sind sie dem mittleren Ventrikel zuzuordnen, denn die Kontrolle der Bewegungen setzt schließlich eine Reflexion derselben voraus? Doch Augustinus muss sich in dieser Frage nicht festlegen, schließlich ist er ein christlicher und kein neurowissenschaftlicher Denker. Insofern liegt ihm jede Art der Lokalisierung von Funktion und Struktur völlig fern. Auch mit der anatomischen Anordnung der Ventrikel fällt Augustinus hinter Galenus zurück. Sie sitzen bei ihm hintereinander, Größe und Form sind nicht von Interesse. Die Kommunikation innerhalb der drei Kammern übernimmt, wie bei Galenus, der *spiritus animalis*. Über dessen Beschaffenheit nachzudenken, sieht der Kirchenvater aber nicht als seine Aufgabe an. So entsteht eine Mischung aus den vorangegangenen Vorstellungen über das Trägermedium des Geistes. Platon steuert das Blut, Aristoteles die Luft und Galenus die Synthese aus beidem hinzu. Dementsprechend wird der *spiritus animalis* im Mittelalter als eine Art Dunst aus materiellem Blut und spirituellem Pneuma gesehen, dessen Tiefenanalyse keine Aufgabe ist, in der sich Gottesfurcht spiegelt. Die vage Vorstellung vom beseelenden Lebenshauch genügt.

Eine Klappe im Hirn

In den Jahrhunderten nach Augustinus tut sich ein gewaltiges Loch in der intellektuellen Landschaft auf. Erst im 12. Jahrhundert kommt wieder Wind in die geistige Statik des Mittelalters. Dies vornehmlich durch einen muslimischen Araber namens Ibn Rushd, besser bekannt als Averroes (1126–1198). Die Kalifen haben im Zuge der islamischen Expansion auch die gewaltigen Schätze der Bibliothek von Alexandria erbeutet. In Bagdad arbeiten ganze Übersetzerbüros daran, die Schriften ins Arabische zu übertragen. Averroes macht sich dabei als Aristoteles-Kommentator einen Namen. Seine Auslegungen des griechischen Philosophen gelangen schließlich mit Allahs

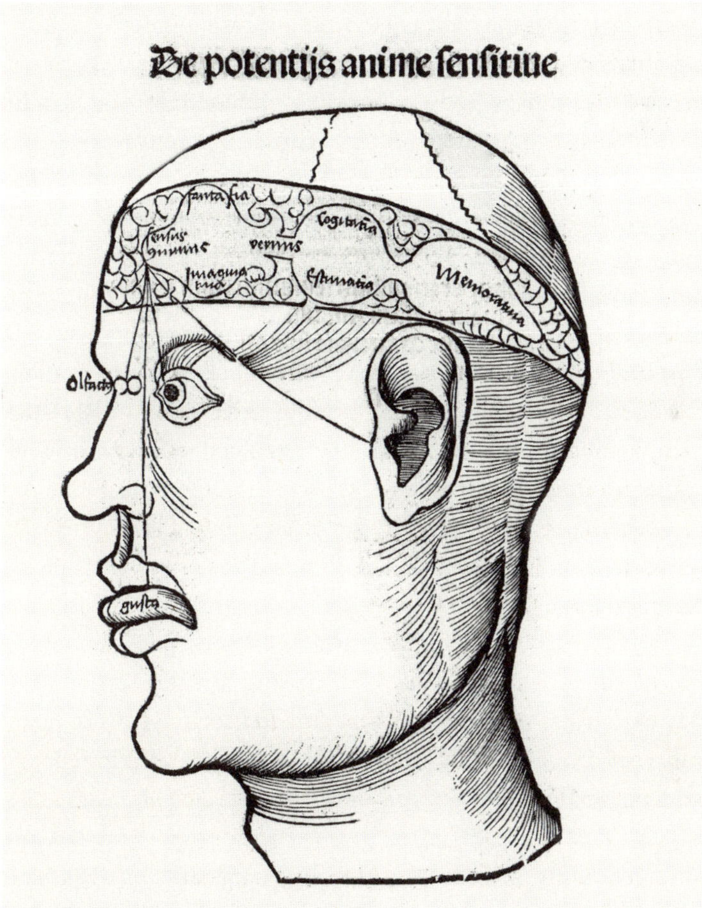

Zwischen dem ersten und zweiten Ventrikel haben die mittelalterlichen Gelehrten das Vermis eingefügt, um damit die Wahrnehmung deutlich von Verstand und Gedächtnis zu trennen. Zeichnung aus der *Margarita phylosophia* von Gregor Reisch, 1517.

Kriegern über Nordafrika wieder ins Abendland – vermutlich zuerst nach Spanien. Hier werden sie von Albertus Magnus (1193–1280) begierig aufgenommen. Der als *doctor universalis* bezeichnete Bischof gilt als der am umfassendsten gebildete Gelehrte des Mittelalters. In den Schriften des Aristoteles entdeckt er das geeignete Werkzeug für sein Projekt des *lumen naturale*, das auch seinen Schüler Thomas von Aquin (1225–1274) beschäftigen wird. Die beiden lieben die Ratio ebenso sehr wie den Glauben und wollen mit der Entgegensetzung dieser Pole Schluss machen. Wenn Gott den Menschen den Glauben und die Vernunft geschenkt hat, sollte das natürliche Licht der Vernunft auch die dunklen Stellen des Glaubens erhellen. Dafür braucht man die Philosophie, dafür braucht man Aristoteles, der sich als Säulenheiliger in die mittelalterliche Theologie einschreibt. Seine Ideen gelten, und die Bibel. Danach kommt lange nichts.

Albertus Magnus übernimmt die Lehre des Augustinus und arbeitet sie zu einer Doktrin aus. Da er die Ventrikel als Kammern versteht, nennt er sie Kammerdoktrin. Zunächst setzt er zwei der drei von Aristoteles ergründeten Seelenteile wieder ins rechte Licht. Die Wahrnehmungsseele verlegt er in den ersten Ventrikel und kreiert eine Art sechsten Sinn. Denn Albertus Magnus stellt sich die Frage, wie die fünf kategorial so unterschiedlichen Sinnesdaten zueinanderkommen. Dafür muss es einen eigenen Sinn geben, der es versteht, alle Wahrnehmungen zu integrieren. Er bezeichnet ihn als *sensus communis*.

Die Neurowissenschaftler suchen bis heute nach diesem *sensus communis*. Das Wunder der Einheit der Wahrnehmung ist in der gegenwärtigen Hirnforschung unter der Bezeichnung »Bindungsproblem« bekannt. Dabei geht es um die Frage, wie das Gehirn das Kontinuum des Bewusstseinsstromes bildet. Mit anderen Worten: Wie kommen wir in jedem Moment zu einer gesamtheitlichen Empfindung, obwohl die eingehenden

Sinnesdaten nicht nur an verschiedenen Orten des Gehirns, sondern auch noch mit unterschiedlichen Geschwindigkeiten verarbeitet werden?

In der zweiten Kammer sieht Albertus Magnus die aristotelische Vernunftseele beheimatet. Sie liegt in der Mitte des Gehirns und kann als *vis cogitativa* in beide Richtungen agieren: nach vorn in die Wahrnehmungskammer und nach hinten zur *vis memorativa*, dem Gedächtnis. So thront die Vernunft gemäß Albertus Magnus' eigenem erkenntnistheoretischen Programm über allem.

Eine scharfsinnige Selbstbeobachtung führt zu einer anatomischen Differenzierung des Modells (diese Erfahrung hat keinen historischen Charakter, weswegen wir sie unabhängig vom Mittelalter auch heute jederzeit wiederholen können): Wenn man in sich hineinhört, wird man feststellen, dass unser Wahrnehmungsapparat im wachen Zustand ununterbrochen tätig ist. Man hört den Mähdrescher und das Rauschen des Windes in den Blättern, man sieht die Störche nach Mäusen picken und die Wolken ziehen, man riecht den Zitronenduft des Tees und die Rosenblüten, man spürt die Schreibtischkante an den Handballen und die Lehne im Rücken, man schmeckt die bittere Note des Espressos und das leicht Salzige des Wassers. Diese Momentaufnahme ließe sich beliebig verlängern, wobei die Grundaussage immer bestehen bleibt: Das Wahrnehmungssystem steht ständig auf Empfang. Aber was bleibt davon am Ende des Tages übrig? Der Zitronenduft? Die Wolken? Die Lehne im Rücken? Wohl kaum. Vielleicht kann man sich noch an die Störche und den Mähdrescher erinnern, doch die allermeisten Sinnesdaten verschwinden so rasch, wie sie gekommen sind.

Für diese merkwürdige Tatsache der sowohl vom Verstand als auch vom Gedächtnis nicht beachteten Wahrnehmungen setzen die mittelalterlichen Gelehrten eine Klappe in ihr Schema der Ventrikel ein. Das sogenannte Vermis findet man in Abbildungen aus hochmittelalterlichen Handschriften. Es ist zwischen dem ersten und zweiten Ventrikel angebracht. In der Regel verschließt das Vermis den Weg zwischen der Wahrnehmungskammer und jenen für Verstand und Gedächtnis, wodurch die Unzahl an Sinnesdaten nicht weiterverarbeitet werden kann. Nur in Ausnahmefällen wird die Klappe geöffnet. Dann kommt der Verstand ins Spiel und bedenkt das Wahrgenommene. Etwa: »Wie früh in diesem Jahr doch geerntet wird. Es war ja auch sehr trocken. Ob es eine gute Ernte ist?« Diese Gedanken werden dann ins Gedächtnis aufgenommen.

Erstaunlicherweise befindet sich zwischen Verstand und Gedächtnis keine solche Schleuse, obwohl viele unserer Gedanken nicht aufbewahrt werden. Vielleicht aber war das bei Albertus Magnus anders, und er gehörte zu jenen Menschen, die nichts vergessen können. Dass diese Fähigkeit ein Fluch sein kann, zeigt sich nicht zuletzt in der Krankheitsbezeichnung »hyperthymestisches Syndrom« für solche Fälle. Ob Albertus Magnus ein Hyperthymestiker war, wissen wir nicht. Die Spekulation über das Vermis hinter dem ersten Ventrikel jedenfalls resultiert auch bei ihm nicht aus anatomischer, sondern aus rein geistiger Betätigung.

Der zeitgenössischen Hirnforschung gilt der Thalamus als eine Art Vermis. Er bildet das Tor zum Bewusstsein und teilt die sensorischen Eingänge auf in jene, die an die Großhirnrinde weitergeleitet, und jene, die außerhalb dieser bewusstseinsfähigen Struktur verarbeitet werden. Alle Informationen, die nicht in die Großhirnrinde gelangen, werden uns nicht bewusst. Insofern gibt es tatsächlich tiefe Basalstrukturen im Gehirn, die darüber entscheiden, ob etwas ins Bewusstsein tritt oder nicht.

Auf welche Weise der *spiritus animalis* die Leistungen in den einzelnen Hirnkammern ermöglicht, interessiert die Scholastiker nicht im Detail. Sie hantieren mit den Erkenntnissen von Aristoteles und Galenus und hüten sich, ganz im Sinne der frühchristlichen Körperverachtung, vor eigenen empirischen Studien am Leib. So ist es wieder eine Metapher aus der Technik, die im Hintergrund der Vorstellungen und Spekulationen wirkt. Im Hochmittelalter steht das Brennen von Alkohol hoch im Kurs. Die hartnäckigen Bemühungen der Alchimisten um die Herstellung von Gold haben als Nebeneffekt nicht nur die Erfindung des Porzellans, sondern auch einen gewaltigen Innovationsschub der Laborinstrumente hervorgebracht. Erst durch die ausgetüftelte Kombination von Koch- und Kühlvorgängen gelingt es ab circa 1100, Alkohol mit seinem Siedepunkt von 78,37 Grad vom Wasser, das erst bei hundert Grad verdampft, zu trennen. Die Schrift *Von den Tugenden des Lebenswassers* des Florentiner Arztes und Gelehrten Taddeo Alderotti (1215/1223–1295/1303) über die Herstellung und Wirkung alkoholischer Getränke legt nahe, dass es zu seinen Zeiten bereits an der Tagesordnung war, Hochprozentiges zu konsumieren.

In der Übertragung des technischen Vorgangs gewinnt der *spiritus animalis* bei seinem Wirken in den Ventrikeln, ebenso wie der Weingeist bei der Destillation, einen immer höheren Reinheitsgrad. Die Klappe nach dem ersten Ventrikel geht dementsprechend erst auf, wenn sich der *spiritus animalis* von den am engsten mit der Körperwelt zusammenhängenden sinnlichen Wahrnehmungen gereinigt hat und zu höherer geistiger Tätigkeit in Form von Verstand und Gedächtnis ansetzen kann. So spielen in die vagen mittelalterlichen Annahmen über das Gehirn neben Aristoteles und Galenus letztlich auch Platon und seine Idee der Verunreinigung der unsterblichen Seele durch ihre Verbindung mit dem Körper hinein.

In der medizinischen Praxis lief der Wissenstransfer jedoch nicht immer so reibungslos. In der Frage der Nervenendigungen etwa standen Aristoteles und Galenus konträr zueinander. Da Aristoteles das Herz als Zentralorgan ansah, ging er davon aus, dass sich dort auch die Nerven bündeln. Dem hatte bereits Herophilos mit empirischen Belegen widersprochen, und auch für Galenus bestand nicht der geringste Zweifel daran, dass Aristoteles mit seiner Annahme irrte. Ebenso wie in der Frage nach der Vorherrschaft des Herzens vor dem Hirn. Was nun? Da man keinerlei anatomische Untersuchungen tätigte, schlug man eine andere Strategie ein: Die geläufige mittelalterliche Praxis bestand in der endlosen Interpretation. Das Problem wurde auf zermürbende Weise so lange diskutiert, bis es in gewisser Weise nicht mehr vorhanden war. So führt beispielsweise jener Taddeo Alderotti, der sich wortreich auch über den Alkohol verbreitet hatte, die Unterscheidung zwischen dem Hauptauslöser und der Urwurzel eines Prozesses ein. Letztere sei das Herz. Deshalb »haben die Nerven ihren Ursprung im Herzen, aber im Gehirn werden sie zu vorzüglichen Übermittlern der Empfindung und der Bewegung«.[18] Vor diesem Hintergrund ist es dem Anatomen Mondino de' Liuzzi (1275–1326) hoch anzurechnen, wenn er klar Stellung bezieht: »Es steht fest, dass die Lehre des Aristoteles Ursache für große Irrtümer in der Medizin ist, deshalb sollte man Galenus mehr Glauben schenken als Aristoteles.«[19] Ganz in diesem Sinne beendet schließlich der Franziskanermönch Wilhelm von Ockham (1286–1347) das endlose Debattieren durch das Gebot, alles Überflüssige radikal aus den Argumentationen zu entfernen. Wie mit einem Rasiermesser fürs Denken.

Dieses neue Accessoire macht nicht nur der Scholastik den Garaus, sondern ebnet auch dem modernen wissenschaftlichen Denken den Weg. Bis heute wirkt »occams razor« (der englische Ausdruck hat sich in der Wissenschaft als Fachbegriff etabliert) weiter in der Vorgabe, bei konkurrierenden Erklärungsmodellen immer das einfachere zu wählen, was sich bei diffizilen Problemstellungen jedoch auch immer wieder als hinderlich erweisen kann.

Doch »Ockhams Rasiermesser« kam im ausgehenden Mittelalter offensichtlich nicht überallhin, und so inflationierte sogar die in der Kammerdoktrin festgesetzte Zahl der Ventrikel. In einem Folianten aus dem Jahr 1441 wurde eine Zeichnung gefunden, auf der man insgesamt zehn Hohlräume im Kopf sehen kann, die sich bis in die Stirnregion hinunterziehen. Jedem einzelnen Ventrikel wird eine spezifische Funktion zugeordnet, vom *sensus communis fantasia* über die *cogitiva vel imaginativa* und die *cogitiva vel memorativa* bis hin zum *estimativa virtus*, dem *virtus incorporativa* und schließlich dem *secundum locum motiva*. Bemerkenswert an dieser Ausdifferenzierung des Ventrikelsystems ist das offensichtliche Bedürfnis, viele Facetten der Selbstwahrnehmung dem Hirn zuzuschreiben. Das Organ unter der Schädeldecke gewinnt immer mehr an Bedeutung. Nun ist es an der Zeit, es systematisch zu untersuchen.

Die Welt als Buch

Der Startschuss für die naturwissenschaftliche Art und Weise, die Welt zu analysieren, fällt jedoch weder auf physikalischem noch auf philosophischem Gebiet. »Man wird, was man sieht«, sagt der Vater der modernen Medienwissenschaft, der kanadische Philosoph Herbert Marshall McLuhan (1911–1980). Die jeweiligen Leitmedien, so postuliert er, bestimmten den kulturellen, sozialen und erkenntnistheoretischen Charakter einer Epoche. Mit McLuhan wäre also zu fragen, was die Menschen in Europa ab der zweiten Hälfte des 15. Jahrhunderts zunehmend sehen. Buchstaben! Sie sehen Buchstaben.

Um 1450 erfindet Johannes Gutenberg (1400–1468) den Buchdruck. Zwar wird zu jener Zeit schon mithilfe von Stempeln auf Stoffe und Papier gedruckt, sogar Metallmatrizen kennt man bereits. Wirklich neu ist aber Gutenbergs

Gedanke, die Druckvorlage aus einzelnen Metalllettern zusammenzusetzen. Damit das gelingt, müssen die verschiedenen Buchstaben völlig identisch in der Größe sein. Gutenbergs Erfindung stellt einen unglaublichen Rationalisierungsprozess der Buchherstellung dar, die zu jener Zeit vorwiegend in den Schreibstuben der Klöster geleistet wird. Dort benötigt ein Schreiber etwa drei Jahre, um das Buch der Bücher vollständig zu kopieren. In der gleichen Zeit druckt Gutenberg knapp zweihundert Exemplare. Damit beginnt der medientheoretisch äußerst bedeutsame Ablösungsprozess der individuellen Handschrift durch die uniforme Auflage. In dessen Folge sind nicht nur zahlenmäßig mehr Bücher vorhanden, sondern, und das ist das Besondere, alle Bücher sind identisch. Wenn man sie durchblättert, fällt einem das förmlich ins Auge. Der Druck besteht aus gleichmäßigen Einheiten mit Standardgröße (den Lettern), die Standardseiten bilden, aus denen Standardkapitel zusammengesetzt sind, die in summa Standardbücher ergeben.

Dieses an sich erst einmal äußere Prinzip überträgt der Buchdruck nun auf seine Inhalte. McLuhan fasst diesen Gedanken in dem Aperçu: »The medium is the message.« Gedruckte Bücher neigen dazu, das, was sie beschreiben, in gleichförmige Einheiten zu zerlegen, während die alten Schriftformate noch aus fortlaufenden Texten oder aus ikonographischen Schriftsystemen bestanden. Das heißt, die Welt wird von nun an klassifiziert, analysiert, mit Zahlen, mit Indizes und Standardüberschriften versehen. Die Welt wird im Gutenberg-Zeitalter wie ein Buch wahrgenommen, und die Wirklichkeit erschließt sich zu den Bedingungen des Mediums. So lässt der Buchdruck den Menschen die Welt nach dem Schema des Buchstabens in kleinste Teile zerlegen und nach dem Schema des Buches wieder zusammensetzen. Alles, was sich zeigt, wird klassifiziert, analysiert und dadurch wiederholbar – wie die nächste Auflage. Das typographische Prinzip regiert.

Es dauert gerade einmal eine Generation, bis der italienische Mathematiker, Physiker und Philosoph Galileo Galilei (1564–1642) sein Projekt der Mathematisierung der Natur startet. Den Phänomenen werden Überschriften beispielsweise in Form der Fallgesetze gegeben, mithilfe derer man die Atomisierung der Welt betreiben kann. Die Vielfalt wird nach dem typographischen Prinzip unter ein Standardmaß gezwungen. Auf diese Weise legt der Buchdruck die Bedingungen für die Vermessung der Welt und gibt der neuen Zeit ihr Thema. Exaktheit gilt von nun an mehr als kühne Spekulation, Gesetze stehen höher im Kurs als vage Ideengebäude, Empirie ist stärker gefragt als die kontemplative Schau auf das Sein in seiner Ganzheit.

Diese neuzeitliche Perspektive gibt auch der Erforschung des Gehirns eine andere Richtung. Das Zeitalter der Experimentatoren bricht an, in dem jede Theorieannahme so rasch wie möglich auf die Probe gestellt wird. Bald schon gilt nichts mehr, was nicht messbar ist. Auch die Natur der ominösen Substanz in den Ventrikeln muss ergründet werden. Wenn der *spiritus animalis* all die Wunderdinge zu leisten vermag, zu denen Menschen in der Lage sind, dann soll er das auch unter experimentellen Bedingungen unter Beweis stellen. Doch in den Hohlräumen im Gehirn befindet sich nur Wasser und kein verschiedene Reinigungs- und Destillationsstufen durchlaufender Lebensgeist. Hier zeigt sich sogleich auch die Kehrseite einer Epoche, in der die Naturwissenschaft die Schlagzahl vorgibt. Die Entzauberung der Welt bewirkt, dass man immer wieder vor dem Nichts steht, weil einem die sorgsam erdachten Theorien durch ein Experiment um die Ohren fliegen. Dieses Phänomen kann man bis in unsere Tage hinein beobachten.

Etwa zeitgleich mit Gutenberg und daher noch unbeeindruckt von seiner bahnbrechenden Erfindung läutet Leonardo da Vinci (1452–1519) in Italien den Beginn der Renaissance ein. Gegen die Unbilden des Mittelalters wird das antike Ideal der Schönheit und des Ebenmaßes heraufbeschworen. Leonardo da Vinci zeigt sich in der Malerei – wie in allen anderen Bereichen der Kunst und Wissenschaft auch – am Detail interessiert. Der äußere Schein eines Körpers genügt ihm nicht, um ihn auf die Leinwand zu bringen. Er muss in die Tiefe vordringen, damit er die Oberfläche gestalten kann (so wie er in der von ihm erfundenen Sfumato-Technik seine Ölfarben in feinsten Schichten aufträgt, um besondere farbliche und räumliche Effekte zu erzielen).[20] Das praktiziert er im wahrsten Sinne, Quellen belegen die Sektion von dreißig Leichen. Dabei wählt Leonardo wohl bewusst die Körper toter Frauen, Männer und Kinder aus, um die Strukturen unter der Haut in verschiedenen Formen und Entwicklungsstadien zu studieren. Schaut anfänglich der Maler auf die Schnitte durch Muskeln, Sehnen und Organe, so erwacht nach und nach das Interesse des Anatomen. Das Universalgenie Leonardo, das die Sektionen im Beisein renommierter Ärzte der Zeit vornimmt, entwickelt bald schon neue Methoden der Leichenöffnung, zeichnet die entstehenden Präparate präzise ab und versieht sie mit entsprechenden Kommentaren. Die meisten dieser Studien sind verloren gegangen. So ist der vitruvianische Mensch, der die Gesundheitskarte vieler Krankenversicherungen ziert, seine wohl bekannteste anatomische Skizze. Darauf wird der menschliche Körper zu Kreis und Quadrat ins Verhältnis gesetzt, wodurch sich, mit der Suche nach der Proportion, zugleich auch der Maler Leonardo verewigt hat.

Wie weit der Künstler durch den Wissenschaftler von seinem ursprünglichen Interesse fortgetrieben wurde, zeigen

Leonardos Gehirnstudien. Man kann sich auch als jemand, der wenig vom Handwerk der bildenden Kunst versteht, noch vorstellen, wie inspirierend exakte Kenntnisse von Muskelpartien für die Darstellung des Körpers sein können. Welchen Nutzen aber sollen Studien in der Tiefe des Hirns für die Zeichnung von Gesichtspartien haben? Der Anatom Leonardo erweist sich auch auf diesem Gebiet als äußerst geschickt und einfallsreich. Er benutzt die Ventrikel als Form und befüllt sie über ein Loch mit Wachs. »Führe das geschmolzene Wachs mit einer Spritze ein, indem du ein Loch in den Ventrikel der Memoria bohrst, und fülle durch dieses Loch die drei Gehirnventrikel.«[21] Leonardo lässt das Wachs aushärten und erhält ein exaktes Abbild der Struktur. Dazu muss er nur noch das an eine Walnuss erinnernde Beiwerk entfernen, von dem man annimmt, dass es der Versorgung der Ventrikel dient. »Nimm dann das Gehirn heraus, und du wirst die Gestalt der drei Ventrikel genau sehen. Vorher aber setze dünne Röhrchen in die Luftlöcher ein, damit die Luft, die in diesen Ventrikeln ist, entweichen und dem Wachs Platz machen kann.«[22]

So virtuos seine Präparierungsmethode war, so wenig entfernte sich Leonardo von den geläufigen Vorstellungen seiner Zeit in Bezug auf Funktion und Wirkungsweise der Ventrikel. Das ist durchaus überraschend. Hätte Leonardo, der sich zum ersten Mal seit über tausend Jahren wieder mit dem Skalpell den Ventrikeln näherte, nicht stutzig werden müssen, weil aus seinem Röhrchen gar keine Luft, sondern Wasser entweicht? Hätte dieser Widerspruch zur Pneuma-Lehre ihn nicht ins Grübeln bringen und dazu veranlassen müssen, die noch immer herrschende Kammerdoktrin genauer zu untersuchen und sie als forschender Geist zu hinterfragen? Möglicherweise aber kam gar nichts aus den Röhrchen heraus, weil das heiße Wachs nicht nur das Wasser verdrängte, sondern auch die Ventrikel beschädigte, sodass die Flüssigkeit in das umliegende Gewebe diffundierte. Dieses

Nichtaustreten von Flüssigkeit interpretierte Leonardo dann vielleicht als Austreten von Luft. Oder aber er achtete nicht weiter darauf, weil er sich ganz auf den Füllvorgang konzentrierte. Oder – auch das ist denkbar – er zeigte sich an dieser Stelle nicht als das Jahrtausendgenie, als das er gemeinhin gilt, sah Wasser aus dem Röhrchen perlen und ignorierte es, weil nicht sein kann, was nicht sein darf.

Leonardo hätte bei seinen hirnanatomischen Untersuchungen noch eine weitere Abweichung von der gültigen Lehrmeinung feststellen können. Wenn seine Präparate gute Qualität hatten, woran aufgrund seiner Skizzen kein Zweifel besteht, hätte er sehen müssen, dass es sich nicht um drei, sondern um vier Ventrikel handelt. Er aber geht davon aus, dass im Inneren des Kopfes drei Ventrikel die kognitiven Fähigkeiten der Wahrnehmung, der Vernunft (Allgemeinsinn) und des Gedächtnisses besorgen: »Die Dinge ringsum senden ihre Bilder zu den Sinnen, und die Sinne übertragen sie bis zum Wahrnehmungsorgan, und das Wahrnehmungsorgan übermittelt sie dem Allgemeinsinn, und dieser prägt sie dem Gedächtnis ein, dort werden sie mehr oder weniger gut behalten, je nach der Bedeutung oder der Wirkungskraft des übertragenen Gegenstandes.«[23]

Erstaunlicherweise also findet der vierte Ventrikel keine Erwähnung. Auch über das Fehlen des Vermis, jener Klappe im Hirn, die den Informationsaustausch zwischen Wahrnehmung einerseits und Verstand und Gedächtnis andererseits regeln soll, findet sich bei Leonardo keine Notiz. So steht zu vermuten, dass jenes für Leonardos Beschäftigung mit der Anatomie des Körpers initiale künstlerische Interesse letztlich doch über die wissenschaftliche Neugier obsiegte, die sich denn auch anderen Gebieten zuwandte: kühnen Flugmaschinen, gewagten Brückenkonstruktionen, visionären U-Booten, neuen Kanalisationsarten, allerlei verschiedenem Kriegsgerät, virtuosen Zahnradkonstruktionen, Botanik, Geometrie, Hydrologie und

Astronomie. Es gab für Leonardo so viel zu entdecken und zu erfinden. Über das Gehirn hingegen hatten ja »die Forscher des Altertums«[24] bereits alles Wissenswerte herausbekommen.

Über den Bau des menschlichen Körpers

Die Zweifel an der Kammerdoktrin bleiben so dem flämischen Mediziner Andreas Vesalius (1514–1564) vorbehalten. Bei ihm kann man bereits den neuen Takt ausmachen, den das Medium Buch dem Denken und der Wahrnehmung vorgibt. Vesalius betreibt als Erster in einem gleichermaßen systematischen wie detailversessenen Ausmaß die Anatomie des menschlichen Körpers. Dabei verfährt er tatsächlich ähnlich der typographischen Vernunft, die das Weltganze in Einzelteile zerlegt, um es wieder zusammenzusetzen. Vesalius schält Schicht um Schicht von den Leichen ab und fügt schließlich ein Skelett des Menschen zusammen. Während seines Studiums in Löwen (Flandern) seziert er noch heimlich an Leichen von Hingerichteten. Doch der Geist der Zeit wandelt sich, und schon 1540 führt Vesalius, inzwischen Medizinprofessor an der Universität Bologna, öffentliche Sektionen durch – sogar in Räumen der Kirche. In einem eigens errichteten anatomischen Theater wohnen Hunderte dem Spektakel bei, Medizinstudenten wie Schaulustige. Vesalius untersucht neben dem Skelett die einzelnen Muskelstränge, stellt ihre Lage dar und erläutert, wie sie mit den Sehnen zusammenarbeiten, bevor er sich schließlich einzelne Organe vornimmt. Dabei reitet er die eine oder andere Attacke gegen Galenus, dessen tausendfünfhundert Jahre alte Studien zum Bau des menschlichen Körpers noch immer als verbindlich gelten, obwohl der Römer keinen Menschen je von innen gesehen hat und seine Kenntnisse allein der Sektion von Tieren verdankte. Vesalius weist Galenus mehr als zweihundert Fehler nach und fasst sein enormes Wissen über den menschlichen Körper schließlich in dem Kompendium *De humani corporis fabrica* zusammen, das ihn zum Begründer der neuzeitlichen Anatomie machen wird.

Im letzten der sieben Bände widmet er sich Hirn und Sinnesorganen. Beim Gehirn geht Vesalius besonders sorgfältig vor, mit enormer Kunstfertigkeit dringt er zum Allerheiligsten vor. Ihm gelingt ein horizontaler Schnitt an der goldrichtigen Stelle, etwas oberhalb der Ohren. Das Gewebe bleibt weitestgehend unverletzt, und die Ventrikel liegen in Aufbau und Struktur vor ihm. Vesalius schaut sich die Kammern mit wissenschaftlichem Scharfblick an. Zuerst zählt er. Oben liegen zwei Ventrikel, die sich paarig nach beiden Seiten ausdehnen und nach unten einen Halbkreis beschreiben. Einer der beiden hornförmigen Ausläufer endet im umgebenden Gewebe, der andere umschließt einen weiteren Ventrikel, der zentral im Gehirn liegt. Als Vesalius das System der Hohlräume weiter Richtung Hals verfolgt, entdeckt er einen weiteren Ventrikel und damit einen neuerlichen, für die Erforschung des Hirns verhängnisvollen Fehler von Galenus. Nicht drei, sondern vier Ventrikel sitzen im Hirn!

Was hätten die Kirchenväter wohl dazu gesagt? In deren Konzept von der Dreieinigkeit passte es nur zu gut, dass auch im menschlichen Gefäß für die unsterbliche Seele drei Kammern für den Geist zu finden sind. Die Scholastiker hätten das Phänomen wahrscheinlich in gewohnter Weise für tot zu erklären vermocht. Anders als Vesalius standen sie nicht unter dem Druck der Empirie, und mit Verweis auf das vielfältige Sinnesgeschehen hätten sie vielleicht behauptet, dass hierzu die Teilung des ersten Ventrikels notwendig wäre. Man hätte damit weiterhin von insgesamt drei Ventrikeln ausgehen können, die für die Wahrnehmung, die Vernunft und das Gedächtnis verantwortlich zeichneten, so wie es Albertus Magnus geschrieben hatte.

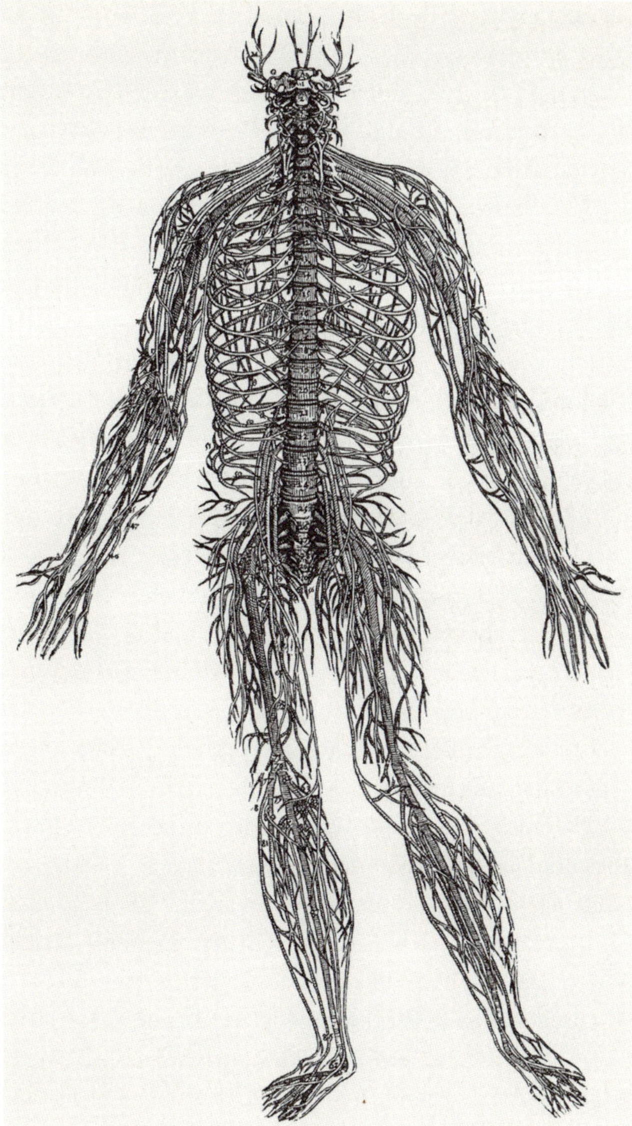

Mit viel Geschick und großer Beharrlichkeit sezierte Andreas Vesalius Leichen. Das Nervensystem stellte sich ihm als ein weitverzweigtes Netz dar.

Doch es kommt noch schlimmer. Vesalius kennt keinerlei Respekt vor dem *spiritus animalis* und untersucht den Inhalt der Ventrikel. Er findet darin lediglich Wasser, das weder auf Pneuma noch auf ein anderes, die Wunder des Geistes vollbringendes Elixier hindeutet. Für Vesalius ist nicht ersichtlich, in welcher Weise in diesen Hohlräumen die höheren seelischen Fähigkeiten herumschwimmen sollen. Die feinen Windungen, aus denen das restliche Hirngewebe aufgebaut ist, könnte man seiner Ansicht nach viel eher als Sitz von Seele und Geist in Betracht ziehen. Die Frage, wo der Intellekt zu finden sei, sei jedoch keine, die sich ein Anatom zu stellen habe. Dieser solle lediglich systematisieren, was er vorfindet. Die in sich gewundene Struktur des Hirns findet der Anatom ebenso bei Eseln und Rindern, womit aus seiner Sicht alles zum Thema gesagt sei. Als Adressaten für die genannte Frage macht Vesalius demnach die Philosophie aus – sein Geschäft sei nicht der Geist, sondern der Körper.

Die Frage, wie sich der *spiritus animalis* eigentlich in Gehirn und Körper bewegt, beschäftigt den französischen Astronomen Johannes Fernelius (1497–1558), der neben der Sternen- die Körperkunde betreibt und den Begriff »Physiologie« einführt. Selbstredend ist für ihn der *spiritus animalis* »das Hauptwerkzeug der Seele«. Die allesbewirkende Substanz wird zur Zirkulation im Körper angeregt, indem sich das Gehirn bewegt. Es ist nämlich »befähigt, sich auf eigenen Antrieb zusammenzuziehen und auszudehnen«.[25] Aufgrund dieser Mechanik pulsiert der *spiritus animalis* im Körper. Zieht sich das Gehirn zusammen wie ein Badeschwamm, wird die bewegende Substanz in die Nerven hineingedrückt und gelangt so bis zu den Sinnesorganen. Erweitert sich das Gehirn, saugt es den *spiritus animalis* auf. Dabei spielt die erbsengroße Zirbeldrüse, der noch eine gewaltige Karriere bei der Klärung der Gehirnvorgänge bevorsteht, die entscheidende Rolle. Sie übernimmt bei den Pumpvorgängen des Gehirns eine ähnliche Funktion

»wie die Klappen im Herzen«. Der in der Leber gebildete *spiritus naturalis* wird durch die Wärme des Herzens in den *spiritus vitalis* verwandelt. Immer wenn dieser *spiritus vitalis* während der Erweiterungsphase des Gehirns zusammen mit etwas Luft in den vierten Ventrikel dringt, verschließt die Zirbeldrüse den Weg von der vierten zur dritten Hirnkammer und ermöglicht so die Produktion des *spiritus animalis*. In der Kompressionsphase »hebt sich die Zirbeldrüse und öffnet den Weg von der dritten in die vierte Kammer«. Das geistige Lebenselixier, das durch die Luftanreicherung einen »ätherischen« Aggregatzustand bekommt, kann nun in den dritten und von dort in die anderen Ventrikel strömen, über die Nerven die Muskeln bewegen und die entsprechenden Nachrichten vom Körper zum Gehirn befördern.

Die Körpermaschine mit göttlicher Seele

Tatsächlich wird es – wie von Vesalius gefordert – ein Philosoph sein, der dem Geist seinen Platz im Gehirn zuweist. René Descartes (1569–1650) gibt dem neuen Konzept der Weltaneignung eine theoretische Begründung, während Galilei es in Formeln gießt. Der Buchdruck schlägt den Takt für die Zerlegung der Dinge, auf dass sich zeige, was die Welt im Innersten zusammenhält. Gutenbergs Erfindung hat den Stellenwert eines Mutationsfaktors in der Evolution des menschlichen Bewusstseins. Das mythische Bewusstsein, das sich entwickelte, als die Menschen vor etwa zwölftausend Jahren sesshaft wurden und den Ackerbau für sich entdeckten, wird nun abgelöst vom rationalen Bewusstsein. Ging es, wie es der Kulturforscher Jean Gebser (1905–1973) analysierte, in der mythischen Welt um die Entwicklung eines Zeitbewusstseins und die Gewinnung der Innenwelt als Erlebnisraum, so entfaltet das rationale Bewusstsein das selbstbewusste Ich.[26] Das Subjekt stellt sich seiner Außenwelt gegenüber. Die Idee der Objektivität entsteht. Die Welt wird berechnet, vermessen und geordnet, von den Planetensystemen über die Meere und Länder bis hin zum Gehirn. Der Umbruch zeigt sich im Kampf zwischen der christlichen Kirche, deren Aufstieg noch dem mythischen Bewusstsein geschuldet ist, und der Naturwissenschaft als Ikone des Rationalen. Galilei wird Opfer dieser Zeitenwende. Er gerät in die Hände der Inquisition und kann 1633 seine Haut nur retten, indem er seine wissenschaftlichen Erkenntnisse widerruft.

Den Wandel des Bewusstseins kann die Kirche allerdings nicht aufhalten, auch wenn Descartes erwägt, »alle meine Papiere zu verbrennen«[27] und seine Arbeiten einzustellen, als er von der Verurteilung des großen italienischen Naturgelehrten hört. Letztlich aber setzt er seine Forschungen fort und entwirft die erste wissenschaftliche Erkenntnistheorie, die er in seinem Werk *Von der Methode des richtigen Vernunftgebrauchs und der wissenschaftlichen Forschung* niederschreibt. Darin ermahnt er das menschliche Erkenntnisvermögen, sich seiner Grenzen bewusst zu sein respektive zu werden. Grundsätzlich erkennbar sei alles Gegenständliche. Problematisch dagegen werde es, wenn sich der menschliche Geist in spekulative Höhen aufschwingen möchte, um okkulte Kräfte zu erklären, die Zukunft vorherzusagen oder den Lauf der Gestirne mit der Gefühlswelt des Menschen in Verbindung zu bringen. Worin, so fragt sich Descartes mit deutlichem Seitenblick auf die brillanten Erkenntnisse von Galilei, besteht die Charakteristik jener materiellen Welt, deren Gesetze sich dem menschlichen Verstand über kurz oder lang erschließen werden? Was ist allen Gegenständen gemein? Dank welcher Eigenschaft sind sie überhaupt zu ihrer Bezeichnung gekommen als etwas, das der Bewegung ent*gegensteht*? Descartes sieht das entscheidende Kriterium der gegenständlichen Welt in der Ausdehnung. Alles Materielle zeichnet sich dadurch aus, dass es immer in ausgedehnter Form vorhanden ist. Er findet dafür die Bezeichnung *res extensa*, also die »ausgedehnte« Sache oder Substanz.

Gegenstück dazu bildet für Descartes die geistig-seelische Welt, die offensichtlich über keinerlei räumlich greifbare Ausdehnung verfügt. Einen Gedanken kann man nicht verorten. Er ist überall und nirgends. Wenn man ihm durch Sprache Ausdruck verleiht, merkt man bereits, dass er – ausgesprochen – nicht mehr derselbe ist. Es handelt sich um einen Übersetzungsvorgang, bei dem mit dem inneren Erlebnis, dem Gefühl, einen Gedanken zu haben, der entscheidende Moment verloren geht. Ebenso sicher wie die Ausdehnung der Materie ist Descartes die Registrierung eines Zustandes, den wir alle kennen: das *cogito*, das »Ich-denke«. Selbst wenn die Welt von einem Gott gestiftet sein sollte, der sich einen Spaß daraus machte, uns zu täuschen und zu betrügen und so unsere Gedanken in die Irre zu leiten, bestünde doch in dem unleugbaren Denkerlebnis selbst der Beweis unserer Existenz: Ich denke, ich bin! Ich bin mir, unabhängig von der Tiefe oder Schwere meiner Gedanken, denkend gegeben. Damit umreißt Descartes die zweite Wesenheit, die in der Welt existiert, die *res cogitans*, die denkende Substanz. Sie ist göttlichen Ursprungs und daher in ihrer Komplexität von uns nicht zu erfassen.

Die *res extensa* hingegen, die dingliche, ausgedehnte Welt, kann nach Descartes grundsätzlich und vollständig erkannt werden. Sie stellt sich ihm als eine Maschine dar, deren Prinzipien keine grundsätzliche Erkenntnishürde bilden. Auch der menschliche Körper funktioniere letztlich wie eine Maschine, wenn auch wie eine besonders trickreich erdachte und extrem effiziente: »Ich stelle mir vor, dass der Körper nichts anderes sei als eine Maschine aus Erde.«[28] Descartes ist überzeugt, dass diese Körpermaschine präzise wie ein Uhrwerk zu erklären sein müsse – ohne die Taschenspielertricks seiner Vorgänger, die immer wieder auf nicht weiter beschriebene Vermögen wie etwa die »pulserzeugende Kraft« zurückgriffen.

Die Folie für sein Verständnis bildete die Mechanik, die im 17. Jahrhundert eine enorme Konjunktur erlebte. Descartes selbst hatte mehrere Apparaturen entworfen, darunter eine Präzisionsschleifmaschine für konvexe und konkave Linsen. Mit dieser wollte er ein Teleskop bauen, das es ermöglichen sollte, »Tiere auf dem Mond zu beobachten, falls es dort welche gäbe«.[29] Descartes bekam allerdings nicht heraus, ob Tiere – oder gar Menschen – auf dem Mond lebten, weil sein Entwurf nicht realisiert werden konnte. Der französische Meistermechaniker Jean Ferrier lehnte es ab, die Schleifmaschine zu bauen, da seine Auftragsbücher geradezu überquollen.

Im Falle des menschlichen Körpers konnte man den umgekehrten Weg gehen: Man musste die Maschine nicht erst zusammensetzen, sondern hatte sie bereits vor sich. Allerdings gab es da ein kleines Problem, auf das Descartes von seiner Schülerin Liselotte von der Pfalz aufmerksam gemacht wird. Sie fragt ihn eines schönen Pariser Frühlingstages, nachdem sie die Theorie ihres Lehrers von der denkenden und der ausgedehnten Substanz korrekt repetiert hatte, wie es denn sein könne, dass die beiden Substanzen miteinander wechselwirkten? Denn es sei ja gerade das Wesen von Substanzen, getrennt und unabhängig voneinander, also ohne Verbindung miteinander zu existieren. Der sichtlich verliebte Descartes hat auf diesen Einwand der schönen Prinzessin »keine saubere Lösung parat«.[30] Er ist seiner Schülerin für diese und andere Denkanregungen aber so dankbar, dass er ihr für den privaten Gebrauch 1646 das Buch *Ueber die Leidenschaft der Seele* schreibt. Erst auf Drängen von Freunden lässt er es drei Jahre später drucken und stellt ihm zwei Briefe an den Verleger voran, in denen er sein Anliegen deutlich macht: »Die Schrift ist nur für den Gebrauch einer Prinzessin bestimmt worden, deren Geist so über das Gewöhnliche erhaben ist, dass sie das leicht fasst, was unseren Gelehrten überaus schwer scheint.«[31]

Gleichwohl musste eine Lösung für die Wechselwirkung der Substanzen *res cogitans* und *res extensa* her! Descartes kannte ja den Ort, an dem die eigentlich unmögliche Begegnung der beiden getrennten Substanzen möglich gemacht wird. Im menschlichen Körper beeinflussen sich *res cogitans* und *res extensa* augenscheinlich, da man mit der Kraft der Gedanken die Bewegung der Extremitäten anregen kann, während umgekehrt die ausgedehnte Körperwelt zahlreiche seelische Empfindungen wie Schmerz oder Lust auslöst.

Descartes steigt ein in die Anatomie. Er wohnt Tierschlachtungen bei und lässt sich bestimmte Körperteile nach Hause bringen, um sie dort in Ruhe zu sezieren. Wiederholt nimmt er auch an Öffnungen menschlicher Leichen teil. Sein besonderes Augenmerk gilt dabei dem Gehirn. Bei der Suche nach dem Ort, an dem die Interaktion von Leib und Seele stattfinden könnte, beherzigt Descartes die von ihm für die Naturforschung aufgestellten Methoden der Intuition und der Deduktion. Unter Intuition versteht er den Moment des Evidenzerlebnisses, ein aufmerksames Begreifen, in dessen Nachklang kein Zweifel bleibt. Mit einem Wort: Heureka! Deduktion ist für ihn die Methode, mit der Wissenschaftler »aus etwas anderem, sicher Bekannten mit Notwendigkeit«[32] Schlussfolgerungen ableiten.

Descartes studiert das menschliche Gehirn, schaut sich die Ventrikel an, das Groß- und Kleinhirn, den Balken zwischen den Hirnhälften, die enormen Auffaltungen der Materie. Im Hintergrund läuft folgender deduktiver Schluss: Die göttliche Seele kann nur als Einheit existieren. Sie zeichnet sich als *res cogitans* im Gegensatz zur *res extensa* gerade dadurch aus, dass sie keine Ausdehnung hat. Wenn es im Gehirn einen Ort gibt, den man der Seele zuschreiben kann, muss er exklusiv sein. Descartes sucht somit nach einer Struktur, die nur einmal vorkommt. Das schränkt die Auswahl stark ein; die Ventrikel scheiden damit als Seelenorgan aus, da es anerkanntermaßen vier davon gibt. Für Descartes bilden sie lediglich die Speicherbehältnisse für den *spiritus animalis*. Auch die beiden identischen Hirnhälften können die Seele nicht beherbergen. Was bleibt übrig? Descartes durchfährt das mentale Erlebnis des Aha-Effekts, als er in der Tiefe ein etwa erbsengroßes Gebilde entdeckt. Wie der Zapfen einer Zirbelkiefer sitzt es unterhalb des Hirns inmitten des Ventrikelsystems. Die Zirbeldrüse gibt es nur ein Mal im Gehirn. So bleibt kein Zweifel: Sie muss der Ort sein, an dem Seele und Leib miteinander in Verbindung treten. Descartes ist sich dessen so gewiss, dass er gar keine weiteren Untersuchungen anstellt und sogleich in die Überlegungen einsteigt, auf welche Weise die Zirbeldrüse die von seiner Schülerin Liselotte von der Pfalz bezweifelte Interaktion von *res cogitans* und *res extensa* leistet: »Alle Tätigkeit der Seele besteht aber darin, dass allein dadurch, dass sie irgendetwas will, sie bewirkt, dass die kleine Hirndrüse, mit der sie eng verbunden ist, sich in der Art bewegt, wie erforderlich ist, um die Wirkung hervorzurufen, die diesem Willen entspricht.«[33] (In der modernen Hirnforschung nennt man die Zirbeldrüse Epiphyse und stuft sie zu einem Hormonproduzenten herab. Durch die nächtliche Produktion von Melatonin steuert sie demnach den Schlaf-Wach-Rhythmus.)

Descartes bleibt dem technischen Standard seiner Epoche treu und erklärt auch die Wirkweise der Zirbeldrüse streng mechanisch. Demnach ist der gesamte Körper von Nerven durchzogen, die ein Geflecht im Gehirn zusammenlaufender hohler Röhrchen bilden. In den Nerven fließt der *spiritus animalis*, der entsteht, indem er, wie bei einer Weinpresse der edle Saft, aus den Blutgefäßen herausgedrückt wird. In den Ventrikeln konzentriert er sich. Die Zirbeldrüse ragt als Angelpunkt des feinen Nervengeflechtes in die Ventrikel hinein, die beweglichen, spinnennetzartigen Nervenstrukturen richten sich nach ihr aus. Wird nun in der *res cogitans* eine Handlung erdacht, schüttet die Zirbeldrüse den Lebensgeist an einer bestimmten Stelle ihrer kleinen Zapfengestalt aus. Das bewegliche Nervennetz richtet sich nach den mechanischen Hebelgesetzen zu dieser Stelle aus, um das Elixier aufzunehmen.

Für das gesamte Zusammenspiel im Nervensystem findet Descartes eine neue Metapher in den Wasserspielen, die zu seiner Zeit in den Gärten der Fürsten- und Königshäuser Hochkonjunktur hatten: »Und tatsächlich kann man die Nerven der Maschine, die ich beschreibe, sehr gut mit den Röhren der Maschinen bei diesen Fontänen vergleichen, ihre Muskeln und Sehnen mit den verschiedenen Vorrichtungen und Triebwerken, die dazu dienen, sie in Bewegung zu setzen, ihren *spiritus animalis* mit dem Wasser, das sie bewegt, wobei das Herz ihre Quelle ist und die Kammern des Gehirns ihre Verteilung bewirken.«[34]

Der *spiritus animalis* fließt vom Gehirn aus durch das Rohrsystem im Körper und verursacht an der jeweils beabsichtigten Stelle die Kontraktion eines Muskels. Auch hier bleibt Descartes konsequent mechanistisch und erklärt die Muskelkontraktion nach den Gesetzen des Luftdrucks. Zwar wird Otto von Guericke (1602–1686) seine spektakulären Experimente, bei denen er Luft aus zwei zusammengefügten Halbkugeln absaugt, die daraufhin sechzehn Pferde nicht mehr auseinanderzuziehen vermögen, erst wenige Jahre nach Descartes Tod auf dem Regensburger Marktplatz veranstalten. Der entgegengesetzte Effekt jedoch ist in Form der Luftpumpe bereits bekannt. Abermals dient Descartes also ein technisches Vorbild für die Beschreibung des Menschen als Maschine. Demnach strömt der *spiritus animalis* durch die Nervenkanäle, die in den Muskeln enden. Dort bewirkt er eine Aufblähung. Wie ein Ballon, den man mit Luft befüllt, vergrößert der Muskel sein Volumen und wird dabei immer härter, bis er schließlich vollständig kontrahiert ist.

Auch für den umgekehrten Weg, die unleugbare Wirkung der *res extensa* auf die *res cogitans*, sieht Descartes die Zirbeldrüse als die zentrale Schaltstelle. Alle Wahrnehmungsphänomene fallen in diesen Bereich und werden nach demselben mechanischen Prinzip erklärt. Wenn das Auge einen Gegenstand erblickt, treffen die entsprechenden Lichtstrahlen auf das Auge und erweitern die Nervenendigungen. Das Objekt wird abgerastert und erscheint im Miniaturformat auf dem Grund des Auges, wo die Nervenröhrchen ansetzen. Am anderen Ende erweitern sich die Nerven durch einen nicht weiter beschriebenen Effekt adäquat, wodurch das Abbild des angeschauten Objekts an das Gehirn übermittelt wird. Das Seelenorgan bemerkt die Veränderung im Nervengeflecht, die sich in den *spiritus animalis* »auf der Oberfläche der Zirbeldrüse einzeichnet, wo sich der Sitz des Vorstellungsvermögens befindet. Dort allein befinden sich die Vorstellungen, Bilder und Formen, die die vernunftbegabte Seele unmittelbar wahrnimmt, wenn sie sich dank der Vereinigung mit dieser Maschine irgendein Objekt vorstellt oder empfindet.«[35]

Auch an dieser Stelle spielt ein technisches Gerät in Descartes' Vorstellungen hinein. Er erklärt sich die Einprägung des Abbilds vom wahrgenommenen Objekt mithilfe einer Lochmaske, wie sie seinerzeit verwendet wurde, um Muster auf Stoffe zu drucken. Das im Auge entstehende Bild gleicht dem als Vorlage verwendeten Stempel und kann somit im Gehirn reproduziert werden. Descartes reizt den technischen Vorgang aus, indem er die Entstehung des Gedächtnisses dadurch erklärt, dass ein weiterer Abdruck der Lochmaske in die Ventrikelwand geprägt wird, wo der von der Zirbeldrüse geleitete *spiritus animalis* das Muster jederzeit wieder abrufen kann.

Der deutsche Hirnforscher Randolf Menzel (*1940) macht darauf aufmerksam, dass sich die heutige Vorstellung von der Speicherung des Gedächtnisinhaltes nur wenig von der Descartes'schen unterscheidet. Man müsse lediglich die feinen Löcher im Druckmuster als Synapsen in einem assoziativen

Netzwerk begreifen, »dann bleibt die gleiche Vorstellung, wonach ein Gedächtnisinhalt im Muster von veränderten Synapsen (Löchern) in einem geordneten und lokalisierbaren Neuronennetzwerk niedergelegt ist«.[36]

Wie der Geist die Tasten drückt

Doch warum können wir unsere Hand im Reflex zurückziehen, wenn wir uns verbrennen oder verletzen? Auch dafür findet Descartes eine mechanische Erklärung. Der *spiritus animalis* wird nicht mit jeder Sinnesempfindung neu gebildet, sondern befindet sich zu einem Teil bereits in den Nervenröhrchen. Wenn man sich verbrennt, wird dieser Reiz so rasch zur Zirbeldrüse weitergeleitet, »wie wenn man in dem Augenblick, in dem man an dem Ende eines Seilzugs zieht, die Glocke zum Klingen bringt, die an dem anderen Ende hängt«.[37]

Insofern lehnt Descartes zur Verdeutlichung der Gehirnprozesse das bis ins Hochmittelalter gängige Bild des römischen Brunnens ab. Das gemächliche Fließen des *spiritus animalis* von Schale zu Schale könne nicht annähernd die rasche Ausführung von Bewegungen oder die Unmittelbarkeit von Wahrnehmungsvorgängen erklären. Descartes hält es an dieser Stelle lieber mit den ebenso schmuckvoll wie präzise erbauten Orgeln, in denen die Vorliebe für feinabgestimmte mechanische Konstruktionen und die Kraft der Luft im 17. Jahrhundert ihren Ausdruck finden. Diese Musikinstrumente waren Gesamtkunstwerke, die in den großen Kathedralen Klänge von ungeheurer Schönheit erzeugten. Alles in allem also ein würdiges Objekt, um die Vorgänge im Gehirn zu verbildlichen.

Da wäre zuerst das Windwerk, das die Luft komprimiert. Diese Arbeit erledigten zu Descartes' Zeiten die Kalkanten mit teils gewaltigen Blasebälgen. Je nach Größe der Orgel mussten bis zu zwölf junge Männer eifrig treten, damit der Organist spielen konnte. Wie das Windwerk die Luft, so erzeugt das Herz den *spiritus animalis* und stellt ihn über die Arterien dem von der Zirbeldrüse dirigierten Ventrikelsystem zur Verfügung. An dieser Stelle rückt Descartes von Galenus ab, der das Herz als Produzenten des *spiritus vitalis* angesehen hatte und erst im Gehirn den *spiritus animalis* erzeugt wissen wollte. Überhaupt reduziert er die von Galenus praktizierte Unterscheidung dreier Spiritus auf den *spiritus animalis*. Auf verschlungenen Pfaden fließt dieser Lebensgeist durch die Nervenkanäle wie die Luft durch die Schläuche der Orgel in die Windlade, auf der die Pfeifen stehen. Betätigt der Organist nun seine Traktur, öffnet er dadurch eines der den jeweiligen Tasten zugeordneten Ventile, Luft strömt in die Pfeife und ein Ton erklingt. Dieser Vorgang gleicht nach Descartes dem Prozess, der sich, angeregt von der Zirbeldrüse, im Ventrikelsystem abspielt. Der Organist, der seinerseits für den freien Willen des Menschen steht, löst auf Tastendruck eine Klangfolge aus, so wie die Seele des Menschen mit ihrer Zirbeldrüsentraktur ein entsprechendes Verhalten des Leibes. Den umgekehrten, sensorischen Weg, bei dem die Zirbeldrüse die Meldungen der Sinne bemerkt, kann Descartes nach der technischen Vorlage der Orgel allerdings nicht erklären. Er begnügt sich deshalb mit dem motorischen System, in dem die *res cogitans* die *res extensa* befehligt. Wie die von der Orgel erzeugte Musik kann unser Verhalten dementsprechend äußerst vielfältig und trotzdem harmonisch sein.

Descartes findet also eine Metapher für die Hirnfunktion, die sein Projekt der konsequent mechanischen Erklärung der Mensch-Maschine abrundet. Die trickreich konstruierte Orgel mit hoher Reaktionsgeschwindigkeit erlaubt ihm, die gesamte Virtuosität der Mechanik auszureizen. Aber so eingängig das von ihm gewählte Bild auch ist, es bleiben viele Fragen offen: Auf welche Weise leistet die Zirbeldrüse die Interaktion von

Leib und Seele? Wie erzeugt das Herz den *spiritus animalis*? Und vor allem: Welchen Aggregatzustand hat denn nun dieses ominöse Lebenselixier? Ist es flüssig oder gasförmig, oder gar beides? Einerseits scheinen die Nervenröhrchen zu dünn, um eine Flüssigkeit zu transportieren. Luft dagegen könnte das von Descartes postulierte Aufblasen der Muskeln erklären. Wie aber soll Luft denselben Effekt zeitigen wie ein Seilzug mit einer Glocke? Das mythische Bewusstsein, das noch im Mittelalter vorherrscht, hätte kein Aufheben gemacht um diese Fragen. Doch das aufstrebende rationale Bewusstsein gibt sich nicht damit zufrieden, in der Rätselhaftigkeit der Natur die Größe Gottes zu entdecken. Es gilt, die Rätsel zu lösen.

Die Experimentatoren treten auf den Plan. Der italienische Arzt Giovanni Borelli (1608–1679) ertränkt diverse Versuchstiere. Im Todeskampf wehren sie sich nach Kräften und spannen ihre Muskeln an. Genau das ist erwünscht. Nach Descartes' Lehre müsste sich der *spiritus animalis* in den kontrahierten Muskeln ansammeln. Borelli schneidet nun den noch immer unter Wasser gehaltenen Tieren verschiedene Muskeln auf. Sooft er das Experiment auch wiederholt, nicht ein einziges Mal steigen Luftblasen im Wasser auf. Die Schlussfolgerung liegt auf der Hand: Der *spiritus animalis* ist nicht gasförmig.

Ein wenig feiner geht der niederländische Mediziner Jan Swammerdam (1637–1680) vor. Er will experimentell überprüfen, ob die Muskelkontraktion nach dem Prinzip des Blasebalgs funktioniert, wie es Descartes behauptete. Wenn sich die Anspannung eines Muskels tatsächlich vollzieht, indem er vom Gehirn aus mit *spiritus animalis* aufgepumpt wird, müsste sein Volumen bei der Kontraktion zunehmen, wie es bei einem Ballon geschieht. Swammerdam hat herausgefunden, dass man einen amputierten Froschschenkel reizen kann, indem man mit einem Silberdraht den Nerv berührt. Nun lässt er eine Glasröhre bauen, platziert den Froschschenkel im Inneren und verschließt das Gefäß am unteren Ende mit einer

Dichtung, durch die er einen Silberdraht einführt. An ihrem oberen Ende läuft die Röhre in eine Kapillare aus, in die Swammerdam einen Wassertropfen einbringt. Er verfügt nun über ein komplett geschlossenes System. Wenn er jetzt den Muskel mithilfe des Silberdrahts zur Kontraktion bringt, muss nach Descartes der Wassertropfen in der Kapillare nach oben hüpfen, da das Volumen zunimmt. Gedacht, getan! Der Muskel kontrahiert wie vorgesehen, aber der Wassertropfen bewegt sich keinen Millimeter. Somit kann Swammerdam die Theorie Descartes' nicht bestätigen.

Auch der englische Anatom Francis Glisson (1596/99–1677) widerlegt Descartes, indem er den Arm eines Mannes in ein Glasgefäß einführt und das offene Ende abdichtet. Dann lässt er Wasser ein und bittet den Probanden, die Muskeln zu kontrahieren. Erstaunlicherweise nimmt der Wasserstand nicht nur nicht zu, wie es nach Descartes hätte geschehen müssen, sondern sogar leicht ab. Die Muskelanspannung musste also auf einem anderen Prinzip als dem des Blasebalgs beruhen. Dieser kam als Erklärungshilfe ohnehin nicht weiter infrage, da Borelli keine Indizien für den gasförmigen Aggregatzustand des *spiritus animalis* finden konnte und daraufhin behauptete, der Lebensgeist müsse doch eher flüssiger Natur sein. Also wieder zurück zum römischen Brunnen? Diese Metapher hatte Descartes jedoch selber ad absurdum geführt. Außerdem konnte der schottische Anatom Alexander Monro (1697–1767) bei der Untersuchung von Nervenquerschnitten überhaupt keinen Hohlraum im Inneren der Röhrchen feststellen, durch den überhaupt irgendetwas – sei es nun flüssig oder gasförmig – hätte fließen können.

Die letzte rein mechanische Erklärung der Nerventätigkeit zaubert der englische Physiker Isaac Newton (1643–1727) aus dem Hut. Er schlägt vor, die Fortleitung des *spiritus animalis* über Vibration zu erklären. Doch auch dieser Ansatz kann kein Licht ins Dunkel bringen. Muss man am Ende gar mit der über zweitausendfünfhundert Jahre liebgewonnenen Idee des *spiritus animalis* brechen, um voranzukommen? Ein radikal neuer Erklärungsansatz wird gebraucht. Aber wie soll der aussehen? Die Spielarten der Mechanik und die sie tragenden Medien Luft und Wasser sind durchdekliniert. Welche andere Kraft kann Bewegungen auslösen und Empfindungen registrieren? Gibt es da nicht diese Leidener Flaschen, die zwanzig im Kreis stehende Menschen in die Höhe springen ließen, sobald sie einander an den Händen gefasst haben? Oder ist das nur eine Jahrmarktsgaudi?

NEUZEIT

Das Hirn: ein Telegraph – oder eine Landkarte?

Kloake in den Ventrikeln

Das rationale Bewusstsein entfaltet sich im 18. Jahrhundert unaufhaltsam. Immer mehr Forscher schütteln die religiösen Hemmschuhe ab und folgen auf dem neuen Pfad der allein der Vernunft verpflichteten Weltaneignung. Die Natur verliert ihren göttlichen Charme und ihre Rätselhaftigkeit. Alle Phänomene werden auf ihre materielle Basis reduziert. Sogar der Schöpfungsmythos wird verdächtig. Zweifel an Gottes Allmacht werden zwar noch nicht mit der lauten Stimme Darwins geäußert, aber das Blickfeld der Forscher in ihren Laboratorien weitet sich Tag für Tag.

So wundert sich der englische Arzt und Anatom William Harvey über die blutigen Exzesse bei seinen Vivisektionen. Wenn er die Aorta durchtrennt, schießen ihm mit jedem der dem gemarterten Tier noch verbleibenden Herzschläge große Blutmengen entgegen. Nach der seit fast anderthalb Jahrtausenden herrschenden Lehrmeinung des Galenus bildet die Leber das Blut. Wie aber sollen so große Mengen des roten Lebenssafts in so kurzer Zeit produziert werden? Selbst wenn die Leber gottähnliche Schöpferkräfte hätte, bleibt die noch schwierigere Frage, wie es der Körper schafft, diese Blutmassen zu verbrauchen, ohne dass die Beine anschwellen und der Kopf platzt. All diese Probleme löst Harvey mit einem Schlag, indem er die Perspektive wendet: »Das Blut bewegt sich bei den Lebewesen in einem Kreise.«[38]

Harveys These lässt sich leicht belegen, wie das Experiment des niederländischen Mediziners Jan de Vale zeigt. Er zwingt einen Hund auf den Rücken und arretiert in dieser Haltung alle vier Beine mittels Fesseln. Dann schnürt er eine Oberschenkelvene am linken Bein ab. Oberhalb der Stauung tropft nur wenig Blut heraus, wenn er die Vene verletzt. Ganz anders verhält es sich unterhalb der Abschnürung. Dort spritzt es heftig heraus, sobald er hineinsticht. Bindet er jedoch den Oberschenkel ab, ohne die zuvor freigelegten Venen mit einzubeziehen, tritt nach Verletzung kaum Blut aus den Venen aus.[39] Der Beweis ist schlagend. Das Blut in den Venen fließt zum Herzen zurück, weil es vom Strom in den Arterien dazu gedrängt wird. Wenn kein Blut durch die abgebundenen Arterien kommt, gibt es wenig Rückfluss, weswegen die angestochene Vene auch kaum blutet.

Diese Experimentieranordnung hätten sich auch frühere Generationen ausdenken können. Von den chirurgischen Fähigkeiten und der emotionalen Teilnahmslosigkeit gegenüber den Versuchstieren her wären viele Anatomen der Renaissance und des Mittelalters dazu in der Lage gewesen. Aber offensichtlich bedurfte es dafür erst eines neuen Geistes.

Es bricht nun die Zeit der Schlussstriche an in diesem ersten der Rationalität verpflichteten Jahrhundert, und die Autoritäten geraten ins Wanken. Der englische Arzt und Mitbegründer der Royal Society of London, Thomas Willis (1621–1675), reißt gleich zwei Fundamente ein, auf denen die Erforschung des Hirns bis dahin ruhte. Nach eigenen Angaben erschlägt er »Hekatomben von beinahe allen Tierarten«, um aus dem Vergleich der Hirne Rückschlüsse und Schlussfolgerungen ziehen zu können.[40] Das gelingt ihm in beeindruckender Weise. Willis fällt auf, wie überproportional sich die Großhirnrinde des Menschen gegenüber jener anderer Tiere ausnimmt, und hält es für unsinnig, sie lediglich mit Versorgungsaufgaben beschäftigt zu sehen, wie es seit dem 3. Jahrhundert v. Chr. und den Vivisektionen des Herophilos üblich ist. Gleichen die schier unendlich vielen Windungen dieser Struktur nicht den Fächern in Material- und Werkzeuglagern, wie man sie aus den aufkommenden Manufakturbetrieben kennt? So könnte es doch gut sein, dass hier wie da die wichtigen Dinge aufbewahrt werden: In den Fächern die Zahnräder und Schräubchen, in den Hirnwindungen die Erfahrungen. So wird Willis zum ersten vergleichenden Hirnanatomen. Mit seiner Methode entmachtet er die Ventrikel. Der *spiritus animalis*, an dem er immerhin noch festhält, entsteht nach Willis in der Großhirnrinde und zieht sich dorthin zurück, wenn er seine Arbeit getan hat. Angeregt von Harveys Entdeckung vermutet Willis auch im Hirn einen Kreislauf, allerdings einen, der ohne die muskulär kräftige Pumpe des Herzens auskommt. Beim Rückzug nimmt der *spiritus animalis* die gewonnenen Sinneseindrücke in die Fächer des Hirnkastens mit. Sie werden dort gespeichert, womit Willis das Gedächtnis aus dem dritten Ventrikel in die Großhirnrinde verlegt.

Um die Abgrenzung von der knapp zweitausend Jahre herrschenden Ventrikellehre besonders deutlich zu machen, tritt der Anatom sogar noch einmal nach und bezeichnet die Hohlräume, in denen seine geistigen Vorfahren Wahrnehmung, Vernunft und Gedächtnis beheimatet sahen, schlicht als Kloaken für die Exkremente des Gehirns. Auf welche Weise sich die Ventrikel entleeren und säubern können, interessiert Willis jedoch nicht. Sein Augenmerk gilt einzig dem *spiritus animalis*, für den die Ventrikel nicht einmal mehr als Speicherort dienen dürfen. Nach Willis ist die alles vermögende und bewegende Substanz des Geistes in der Hirnmitte angelegt, wo sie in bester Verbindung zum Rückenmark steht, das die im Kopf ausgelösten Befehle in den Körper und die Sinnesdaten in der Gegenrichtung weiterleitet.

So radikal Willis auch gegen die überlieferten Vorstellungen angeht, in seiner Konzeption der Hirntätigkeit zeigt sich, wie tief er noch in der Denktradition seiner Vorgänger steht. Ihm kommt es offensichtlich gar nicht in den Sinn, die Funktionen in anderer Weise zu differenzieren, als es bereits die Kirchenväter taten. Er übernimmt die Kategorien Wahrnehmung, Vernunft und Gedächtnis und verteilt sie lediglich im Hirn um – nicht mehr von vorn nach hinten, wie es in der Ventrikellehre guter Brauch war, sondern von oben nach unten. Auf diese Weise schließt sich an das in der Großhirnrinde verortete Gedächtnis die Vorstellungskraft an, der Willis nun ausgerechnet das Gebiet der weißen Hirnsubstanz zuspricht, die bei seinen anatomischen Vergleichen der Tierarten ebenfalls überdurchschnittlich viel Raum im Menschenhirn einnimmt. Man kann sie in Schnitten sehr gut erkennen, weil sie sich kontrastreich von den sprichwörtlich gewordenen grauen Zellen in der Rinde abhebt. Unten, in der Nähe des Hirnstamms, findet Willis schließlich eine Struktur, die bei Mensch und Tier recht ähnlich ist. Dementsprechend wird das Kleinhirn für den vergleichenden Anatomen zu dem Bereich, in dem er die Wahrnehmungsvorgänge und die vegetativen Funktionen beheimatet sieht.

Eine ähnliche Begründungslogik macht Willis zu einem entschiedenen Gegner Descartes'. Bei der Sektion quer durch Gottes Artenvielfalt entdeckt er bei sehr vielen Geschöpfen eine Zirbeldrüse. Welchen Sinn soll dieses Gebilde bei Tieren haben, wenn es, wie Descartes annahm, die Aufgabe hat, zwischen Leib und Seele zu vermitteln? Zwar konzediert der bekennende Vivisektionist Willis den Tieren ein Schmerzempfinden, was bei der Art seiner Versuche wohl schwerlich zu übersehen war, aber für die Beseeltheit nichtmenschlicher Kreaturen fehlt ihm – wie seinen Kollegen vor und nach ihm – jegliche Evidenz. Deshalb zieht er den Umkehrschluss: Da er die Zirbeldrüse bei allen Tierarten von den Fischen an findet, kann sie nicht das spezifisch menschliche Seelenorgan sein, für das es Descartes hielt.

Willis fällt bei seinen Forschungen auch auf, wie ähnlich die Gehirne der Vierbeiner untereinander sind. Der Arzt findet die Erklärung hierfür nicht in der Biologie, sondern in der *Genesis* und steht damit zwischen den Welten des Mythos und der Rationalität. Heute nennt man Menschen, die vom Realitätsgehalt der Schöpfungsgeschichte im Alten Testament überzeugt sind, Kreationisten. Willis erweist sich als ebensolcher, wenn er den Grund für die Ähnlichkeit der Säugetiergehirne gegenüber Fischen und Vögeln darin sieht, dass Vierbeiner – den Menschen inbegriffen – vom Herrn am selben Tag geschaffen wurden. Sie erblickten laut Altem Testament, sechs Tage nachdem Gott die Erde geschaffen hatte, das Licht, während die Fische und die Vögel bereits seit dem Vortag die Erde bevölkerten, fruchtbar waren und sich mehrten. So ruht die vergleichende Anatomie von Thomas Willis letztlich auf christlichen Mythen.

Für den deutschen Hirnforscher Hans J. Markowitsch (*1949) ist die Ähnlichkeit von Gehirnen ebenfalls Thema und Rätsel in einem. Er beschreibt diese folgendermaßen: »Ein Schimpansengehirn hat fünfhundert Gramm, das menschliche Gehirn bei Geburt auch. Wenn ich meine Studenten frage, können die im ersten Semester zwischen den Gehirnen keinerlei Unterschiede sehen.«[41]

Indem Willis die Fähigkeiten des Menschen aus den kleinen Ventrikelhöhlen befreit und sie in die Hirnsubstanz verlegt, gibt er seinen Nachfolgern den entscheidenden Impuls, die vielfältigen Windungen unter der Schädeldecke zu würdigen. Er demonstriert, wie Funktion und Struktur zusammengebracht werden können, und begründet damit die Lokalisationstheorie, die von nun an zur Hirnforschung gehören wird wie der Sand zur Wüste. An einer Stelle jedoch muss auch Willis passen – natürlich ohne es zuzugeben. Die Frage nämlich, an welchem der vielen möglichen Orte die Seele sitzt, beantwortet er eher mit sophistischer Nebelkerzentaktik als mit wissenschaftlicher Exaktheit.

Willis unterteilt die Seele in eine Körper- und eine Vernunftseele. Erstere nennen auch Tiere ihr Eigen, wodurch sie wahrnehmen und ihre Vitalfunktionen steuern können. Die Vernunftseele jedoch bleibt dem Menschen vorbehalten.

Ihrem Wesen nach ist sie ebenso immateriell wie unsterblich, ihr verdanken wir Einsichtsfähigkeit und Urteilskraft. Willis handelt sich nun dieselben Probleme ein wie schon vor ihm Descartes, denn es gleicht der Quadratur des Kreises, einen Ort für etwas Immaterielles zu finden, das sich seinem Wesen nach gerade dadurch auszeichnet, dass es keinen Ort hat. Willis findet den Ausweg, indem er nicht nach einem Sitz, sondern nach einem Kommunikationsort für die unsterbliche Seele Ausschau hält.

Auf der Suche nach einer dafür geeigneten Struktur lässt er sich wie Descartes von der Idee leiten, dass sich ein derart außergewöhnlicher Interaktionsort dadurch auszeichnen müsse, dass es ihn nur ein einziges Mal gibt. Das engt die Kandidatenpalette im paarig aufgebauten Menschenhirn erheblich ein. Bei seinen Sektionen wird Willis auf den Balken zwischen der rechten und der linken Hirnhälfte aufmerksam. Er sitzt im Zentrum der weißen Hirnsubstanz, in der Willis ohnehin das Vorstellungsvermögen (*Imaginatio*) beheimatet hat. Es liegt also nahe, die unsterbliche Seele in Verbindung mit diesem Ort zu bringen, da ihr vorrangiges Vermögen in der Vernunftfähigkeit besteht. Im Balken kommt es nach Willis zum Gipfeltreffen zwischen Vernunft und Vorstellungskraft. Letztere eignet sich für die Kommunikation mit der immateriellen Seele besonders. Sie hat ohnehin einen eher luftigen Charakter, denn das Vorstellungsvermögen arbeitet weniger mit realen als mit fiktiven – eben vorgestellten – Dingen.

Auch Tiere verfügen nach dem vergleichenden Anatomen Willis, der die weiße Hirnsubstanz ebenso bei Hunden und anderen Säugetieren gefunden hat, in gewissem Rahmen über Einbildungskraft, nur fehlt ihnen die Vernunft der immateriellen, göttlichen Seele, um ihre Phantasiegebilde zu ordnen. Das geschieht einzig im Menschenhirn, allerdings auch hier nicht mühelos. Vielmehr stellt sich die Begegnung von Körper- und Vernunftseele als ein Kampf um Vorherrschaft dar. Die

Wirrnis der Träume gibt für Willis ein gutes Beispiel dafür ab, was geschieht, wenn der *spiritus animalis* ohne die Leitung der Vernunft im Hirn herumschießt. Doch auch im Tagbewusstsein produziert die Auseinandersetzung der zwei Seelen Turbulenzen, die sich als Stimmungsschwankungen, Schwindel oder gar in Form von Lähmungen äußern.

Über den genauen Mechanismus der Interaktion schweigt sich Willis allerdings aus. Auch eine weitere Antwort bleibt er schuldig. Wenn der Balken den privilegierten Ort für die Begegnung von Vernunft- und Tierseele darstellt, würde man doch davon ausgehen, dass er im Hundegehirn fehlt. Aber dort findet sich ebenfalls der sogenannte *corpus callosum*, der die Hemisphären verbindet.

In der modernen Hirnforschung wird der Balken nicht mehr sonderlich hoch gehandelt. Der amerikanische Neurobiologe Roger Sperry (1913–1994) veranlasste sogar die Durchtrennung der Verbindung zwischen rechter und linker Hirnhälfte, damit bei Epilepsiepatienten keine Stromimpulse zwischen den Hemisphären übertragen werden können. Bis heute wird diese Methode bei schweren Fällen angewendet. Sperry bekam dafür 1981 den Nobelpreis. Allerdings wird berichtet, dass nach solchen Split-Brain-Operationen die Hirnhälften hin und wieder ein Eigenleben entwickeln. So schrieb ein nach seinem Berufswunsch befragter Patient mit der linken Hand »Autorennfahrer«, gleich darauf mit der rechten jedoch »Konstrukteur«.

Die Suche nach dem Sitz der Seele wird nicht aufgegeben, so unbefriedigend sie bislang auch verlaufen ist. Der deutsche Anatom Samuel Thomas Soemmering (1755–1830), der für seine wissenschaftlichen Verdienste geadelt und in den Ritterstand erhoben wurde, veröffentlicht 1796 das Buch *Über das Organ der Seele*. Er unternimmt darin einen letzten Versuch, die Ventrikel noch einmal als Kandidaten für die Beheimatung der seelischen Kräfte ins Gespräch zu bringen. Bezeichnend für die Sackgasse, in der sich die Bemühungen um die Erforschung des Gehirns befinden, ist die Tatsache, dass Immanuel Kant (1724–1804), dem das Buch gewidmet ist, in seinem Nachwort grundsätzlich von der Verwendung der Begrifflichkeit »Sitz der Seele« abrät, da es sich dabei um einen reinen Verstandesbegriff handele, »der keine realen räumlichen Verhältnisse« bezeichne.[42]

Schreckliche Erfahrungen und tierische Elektrizität

Letztlich gab es in der seit Platons Zeiten geführten Debatte über das Verhältnis von Gehirn und Seele zweitausend Jahre lang nur verschieden schlagkräftige Argumente, aber keinerlei Beweise. Die jedoch standen mehr und mehr im Fokus der rationalen Bewusstseinsbildung. Die beeindruckendste Spekulation galt immer weniger im Vergleich zum schlüssigen Beweis, der zum Ideal wissenschaftlichen Forschens wurde. Somit rückte die experimentelle Wissenschaft weiter ins Zentrum, denn ein geglückter Versuch ließ keine Fragen an die Exaktheit mehr offen. Alles, was mit einem Experiment bewiesen werden konnte, war evident, an allen Orten der Welt wiederholbar und wurde zunehmend gern mit der Vokabel der Wahrheit apostrophiert, ungeachtet aller erkenntnistheoretischen und philosophischen Einwände.

Für die Experimentatoren erschließt sich mit der Elektrizität ein völlig neues Betätigungsfeld. Spätestens seit 1744 wird der Begriff in Deutschland verwendet, als die Schrift *Die Electricitaet nach ihrer Entdeckung und Fortgang mit poetischer Feder entworffen* von G. M. Bose in Wittenberg erscheint. Alle möglichen Gegenstände werden nun elektrisiert, indem man sie aneinander reibt. Auf diese Weise entsteht eine elektrostatische Ladung, wie sie sich beispielsweise unangenehm spürbar macht, wenn man in Filzlatschen über einen Teppich schlurft und danach an ein Heizungsrohr fasst oder einen anderen Menschen berührt. Auf der Grundlage dieses reibungselektrischen Effekts werden Elektrisiermaschinen gebaut, um die gute Gesellschaft in den Salons ebenso wie den Pöbel auf dem Jahrmarkt zu unterhalten; man konnte damit Funken sprühen lassen und zum großen Erstaunen des Publikums vorher erwärmten Alkohol entzünden. Besonderen Effekt machte diese Demonstration, wenn der Funke nicht aus dem Konduktor der Elektrisiermaschine, sondern von einem mit dem Apparat verbundenen Menschen herausgeschossen kam. Ein geradezu prometheischer Vorgang.

Auch der holländische Physiker Pieter van Musschenbroeck (1692–1761) erzeugt in seinem Laboratorium Funken. Doch primär will er untersuchen, ob man auch Wasser elektrisieren kann. Dazu hat er sich eine besondere Apparatur ausgedacht. Van Musschenbroeck hängt einen Eisenstab an Schlaufen auf. Die eine Seite verbindet er mit einer Elektrisiermaschine, an der anderen befestigt er einen Messingdraht, den er in eine von ihm gehaltene Wasserflasche hineinragen lässt. Nun betätigt sein Assistent die Elektrisiermaschine, woraufhin sich das ereignet, was der ahnungslose Experimentator in einem Brief an seinen französischen Kollegen René de Réaumur (1683–1757) »eine neue, aber schreckliche Erfahrung« nennt. Als van Musschenbroeck mit seiner noch freien Hand versucht, dem Eisenstab Funken zu entlocken, geschieht es: »Auf einmal wurde meine rechte Hand heftig erschüttert, sodass mein ganzer Körper wie von einem Blitzschlag getroffen war. Mit einem Wort, ich dachte, es wäre aus mit mir.«[43]

Auf diese Weise wird die Leidener Flasche erfunden, die ihren Namen nicht etwa wegen der erlittenen Schmerzen bekommen wird, sondern wegen des südholländischen Ortes, an dem das Experiment stattfindet. Van Musschenbroeck, der einen solchen Schlag »nicht um Frankreichs Königskrone« noch einmal erdulden möchte, kann sich nicht recht erklären, was geschehen war. Heutige Physiker würden das Phänomen so erklären: Die wasserbenetzte Innenseite der Flasche lud sich durch die Verbindung mit der Elektrisiermaschine auf. Die Außenseite des Glases bekam die entgegensetzte elektrische Ladung, weil der Experimentator auf demselben Boden stand, mit dem der andere Pol der Elektrisiermaschine geerdet war. Die entgegengesetzten Ladungen auf den beiden Seiten der Flasche zogen einander an, konnten sich jedoch, da Glas den elektrischen Strom nicht leitet, nicht ausgleichen. Die Spannungsdifferenz wuchs nun mit jeder Drehung der Kugel des Elektrisierapparats, die der Assistent vornahm. Als der unglückliche van Musschenbroeck mit seiner freien Hand nach dem Eisenrohr griff, vereinigte er die beiden elektrischen Pole, die bislang durch die Glaswand auseinandergehalten worden waren. Die Spannungsdifferenz entlud sich zwischen seiner rechten und seiner linken Hand, der Strom floss durch sein Herz. Hätte er die Flasche nicht in seiner Hand gehalten, sondern auf einen Hocker gestellt, wäre ihm nichts geschehen – allerdings hätte er dann wohl auch nicht das erste Instrument zur Speicherung von Elektroenergie erfunden, das von dem Universalgenie Benjamin Franklin (1706–1790), der nicht nur Schriftsteller, Naturwissenschaftler, Verleger und Erfinder, sondern auch noch einer der Gründungsväter der USA war, schließlich Kondensator genannt wurde.

Als der Physiklehrer am französischen Hof, Abbé Jean-Antoine Nollet (1700–1770), von den gewaltigen Wirkungen hört, lässt er die Versuchsanordnung nachbauen und gibt ihr den Namen Leidener Flasche.[44] Der Abbé ist selbst ein begeisterter Experimentator und findet heraus, dass sich noch stärkere Effekte zeitigen lassen, wenn man die beiden Seiten der Flasche mit Metall auskleidet. In einer spektakulären Vorführung müssen einhundertachtzig Soldaten der königlichen Garde eine gut gefüllte Leidener Flasche entladen. Dazu fassen sie einander an den Händen. Sobald der Erste und der Letzte den Stromkreis schließen, springen alle Mann in die Luft. Dasselbe Experiment führt Abbé Nollet mit siebenhundert Mönchen eines Kartäuser-Klosters durch, die sich daraufhin möglicherweise vom Heiligen Geist durchfahren wähnen.

Die Elektrizität hält Einzug in die Laboratorien. So auch in das von Luigi Galvani (1737–1798), Anatomieprofessor zu Bologna. Seine Assistenten beherrschen die Kunst, das Rückenmark eines Frosches, die Wirbel, aus denen die Nerven austreten, sowie den paarigen, zu den Schenkelmuskeln führenden Ischiasnerv freizulegen. Dabei geschieht es. Der Präparator hält gerade sein Messer an den Nerv, als sein Kollege aus der soeben angeschafften Elektrisiermaschine einen Funken herausbringt. In diesem Moment zuckt der Froschschenkel. Der sogleich unterrichtete Galvani ahnt sofort, dass sich hier etwas Ungeheuerliches ereignet hat. Er wird von dem »unglaublichen Eifer entflammt, dasselbe zu erproben und das, was darunter verborgen war, ans Licht zu ziehen«.[45] Gesagt, getan. Das Galvani vom Zufall zugespielte Experiment lässt sich zuverlässig wiederholen. Berührt er mit dem Messer die Schenkelnerven und spuckt die Elektrisiermaschine zusätzlich Funken aus, ziehen sich die Muskeln wie unter Krämpfen zusammen. Es steht zweifelsfrei fest: Nerven reagieren auf Elektrizität. Allein, neu ist diese Einsicht nicht. Schon van Musschenbroeck konnte nach seinem unfreiwilligen Selbstversuch bezeugen, wie heftig die Nerven auf das neue Medium ansprangen.

Vielleicht hat sich Galvani an van Musschenbroeck erinnert, jedenfalls kommt ihm eine erste Idee zur Erklärung des unerwarteten Phänomens: Könnten nicht Tiere von ihren elektrischen Eigenschaften her Leidener Flaschen sein? Gab es nicht von alters her Berichte über die Zitteraale, die ähnliche Symptome hervorriefen wie jener in Holland erfundene Elektrizitätsspeicher? Könnten die Tiere nicht ebenfalls Elektrizität aufbewahren, um sie aus gegebenem Anlass abzusondern? Vielleicht eigneten sich die Zitteraale besonders gut dazu und andere Tierarten weniger? Aber das Prinzip könnte für alle Organismen gelten.

Wie aber kommt die Elektrizität unter natürlichen Bedingungen in die Körper hinein? Sein entflammter Eifer treibt Galvani zu weiteren Experimenten. Er lässt Nerv-Muskel-Präparate von Froschschenkeln im Garten aufhängen, verbindet sie mit langen Drähten und beobachtet. Erst einmal passiert nichts. Doch als die Wetterlage umschlägt und ein Gewitter heraufzieht, beginnen die Froschschenkel zu zucken. Sobald Blitze herniedergehen, kontrahieren sie stark. Es scheint also auch in der Atmosphäre Elektrizität zu geben, die in der Lage ist, tierische Leidener Flaschen aufzuladen.

Galvani macht aber noch eine weitere Beobachtung. In einer durch den heiteren Himmel erzwungenen Wartezeit drückt er, vielleicht von der Langeweile verführt, den Haken, der im Rückenmark des Froschpräparates sitzt, gegen ein Eisengitter. Der Muskel wiederum beginnt zu zucken, obwohl offensichtlich gar keine Elektrizität in der Luft liegt. Um sicherzugehen, dass keine himmlischen Kräfte im Spiel sind, lässt Galvani die Froschschenkel abbauen und wieder ins Innere bringen. Dort wiederholt er den Versuch. Abermals zuckt der Froschschenkel, als er den Haken gegen ein Eisengitter drückt. Nun probiert Galvani verschiedene Metalle aus und sieht, wie sich die Muskeln des Präparats mal mehr, mal weniger anspannen. Reagieren allerdings tun sie immer. Besonders gut, wenn er zwei verschiedene Metalle nimmt.

Wie ist die Ähnlichkeit der Erregungsmuster zu erklären? Egal ob mit oder ohne Leidener Flasche, ob während eines Gewitters oder bei schönem Wetter – die Froschschenkel zucken munter vor sich hin, sobald Metall in der Nähe ist. Galvani kommt zu einer verwegenen Deutung seiner Experimente: Das Metall bringt die im Muskel vorhandene elektrische Energie zum Fließen. Beleg dafür ist die Kontraktion des Froschschenkels. Somit muss das Tier tatsächlich eine lebendige Leidener Flasche sein, denn es kann Elektrizität produzieren und speichern.

Kaum erfunden, dient der Kondensator bereits als Metapher. In den Muskeln sitzt nach Galvani außen der negative, innen der positive Strom. Der Nerv spielt die Rolle des Konduktors der Elektrisiermaschinen, die zur Ladung der Leidener Flasche verwendet werden. Wenn die Muskeln hinreichend geladen sind, gibt der Nerv vom Gehirn aus einen Impuls. Daraufhin gleichen sich negative und positive Ladungen aus. Der Muskel kontrahiert, so wie bei den Opfern der spektakulären Versuche auf den Jahrmärkten und in den Laboratorien. Da es sich im Körper allerdings nicht um eine künstliche, sondern um selbstproduzierte, tierische Elektrizität handelt, ist sie anders als dort fein dosiert und führt dementsprechend zu koordinierten Bewegungen.

Wenn die Muskeln so akkurat auf die über die Nervenbahnen geleitete elektrische Energie reagieren, liegt es doch nahe, anzunehmen, dass es sich dabei um das allgemeine Prinzip der Erregungsleitung im Körper handelt. Die Tiere koordinieren mithilfe der selbstproduzierten Elektrizität ihre Bewegungen. Die Nerven wären dann die »natürlichen und eigentümlichen Leiter dieser sogenannten Elektrizität«.[46] Eine weitere Schlussfolgerung schließt sich an diesen Gedankengang an, die fast zu kühn ist, um überhaupt gedacht zu werden: Wenn das Nervensystem auf der Grundlage der Elektrizität arbeitet, wenn Schmerzempfindungen ebenso wie Handlungsimpulse über Stromstöße von der Quelle zum Gehirn beziehungsweise von dort zum kleinen Finger weitergeleitet werden, dann bräuchte man die Vorstellung vom *spiritus animalis* eigentlich nicht mehr. Aber konnte man denn das seit Aristoteles etablierte Agens der Nerven, das mal flüssig, mal gasförmig, mal beides war, dessen Existenz jedoch niemals angezweifelt wurde, einfach so verabschieden? Konnte diese länger als zweitausendfünfhundert Jahre währende Tradition mit dem Verweis auf die Elektrizität gleichsam über Nacht entzaubert werden? All die Wunderdinge, die dem *spiritus animalis* zugesprochen wurden, vollbringt von nun an die Elektrizität. Und da man nicht zwei Begriffe für dieselbe Sache benötigt, könnte man doch getrost auf den Terminus *spiritus animalis* verzichten.

Die Segnungen der Guillotine und die Enthauptung des Zitteraals

Aber es regt sich Widerstand. Weniger aus Traditionalismus, vielmehr aus Verstandesgründen. Es mochte ja sein, dass sich Froschschenkel von der Elektrizität zum Zucken animiert fühlten und die neue Kraft sogar siebenhundert Mönche in die Höhe hüpfen ließ, doch war das noch lange kein Beweis für das Strömen der Elektrizität auf den Nervenbahnen. Galvani hatte lediglich den Beweis für die elektrische Erregbarkeit der Nerven erbracht, aber nicht für das Pulsieren des Stroms in den Nerven bei normalem Betrieb. Es gehörte ja zur Eigenheit der Nerven, auf verschiedene Reize zu reagieren. Die Muskeln zuckten auch, wenn man auf einen Nerv drückte oder etwas Schwefelsäure auf die Endigungen tropfte. Mit ebenso gutem Recht hätte man also den *spiritus animalis* durch Chemie oder Mechanik ersetzen können.

Der italienische Physiker Alessandro Antonio Anastasio Graf von Volta (1745–1827) gehört zu den schärfsten Kritikern der Idee von einer durch die Tiere selbst erzeugten Elektrizität. Wie Galvani ein Jahr zuvor berührt auch Volta Nerven mit metallischen Gegenständen, und wie dieser sieht er die Muskeln des Froschpräparates zucken, sobald er es mit dem anderen Ende des Metalls berührt. Für Galvani schließt sich in diesem Experiment der Stromkreis zwischen Nerv und Muskel, die im Tier erzeugte Elektrizität kann fließen und bewirkt die Zuckung des Muskels. Dieser Deutung widerspricht Volta aufs

Entschiedenste. Besonders skeptisch ist er, weil Galvani selbst den Unterschied in der Intensität der erzielten Wirkung beschreibt, wenn er ein oder zwei Metalle verwendet. Würde es sich tatsächlich um einen Kurzschluss handeln, der die tierische Leidener Flasche entlädt und so den Muskel zucken lässt, dürfte es keinen Unterschied machen, ob man mit einem oder mit zwei Metallen arbeitet. Für Volta stellt sich der Prozess letztlich genau umgekehrt dar: Das Metall, nicht das Tier, muss die Elektrizität erzeugen, wenn es mit Feuchtigkeit in Kontakt kommt. Sobald man den Metallbogen einerseits an den Nerv und andererseits an den Muskel hält, wird der Stromkreis geschlossen. Daraus resultiert dann die Zuckung: »Es sind tatsächlich Wirkungen einer sehr schwachen künstlichen Elektrizität, die in einer Art und Weise erregt wird, von der man keine Ahnung hatte.«[47]

Den Beweis für seine Sicht der Dinge bleibt der einfallsreiche Experimentator Volta nicht schuldig und konstruiert auf Grundlage der von ihm gefundenen Gesetzmäßigkeit ein völlig neuartiges Gerät. Dazu besorgt er sich zwei etwa talergroße Scheiben aus Kupfer und Zink, die er aufeinanderschichtet. Zwischen die Metalle legt er eine mit Salzwasser getränkte Pappe und leitet von den beiden Scheiben je einen Draht ab. Wenn er nun die beiden Drähte an ebenjene Punkte hält, die Galvani in seinen Experimenten mit seinem Metallstab berührt hat, kann er den Froschschenkel zuverlässig zur Kontraktion bringen. Damit ist die Vorstellung einer von den Tieren selbst produzierten Elektrizität vom Tisch; Volta glaubt, bewiesen zu haben, »daß in den Nerven bei den Lebensactionen keine electrischen Strömungen stattfinden«.[48] So wird der wunderwirkende *spiritus animalis* noch einmal rehabilitiert. Zumindest für weitere fünfzig Jahre.

Volta belässt es nicht bei zwei Scheiben, sondern schichtet bis zu fünfzig Metalltaler nach demselben Prinzip aufeinander und konstruiert auf diese Weise ein Gerät, das Elektroenergie im Gegensatz zur Leidener Flasche nicht einfach eruptiv wie ein Gewitter zur Verfügung stellt, sondern in kontinuierlichen Strömen. Dazu angeregt wurde Volta, expliziter Gegner der tierischen Elektrizität, ausgerechnet durch das elektrische Organ des Zitterrochens, mit dem sein Apparat »mehr Ähnlichkeiten besitzt als mit der Leidener Flasche«.[49] Seine Demonstration in Paris im Jahr 1801 beeindruckt die Fachwelt ebenso sehr wie den späteren Kaiser Napoleon Bonaparte (1769–1821), der Volta daraufhin mit »höchstem Lob und fürstlicher Belohnung« überschüttet.[50] Fortan nennt man das Gerät Volta-Säule. Später bekommt es die Bezeichnung Batterie und ihr Erfinder die Ehre, die Maßeinheit der elektrischen Spannung mit seinem Namen schmücken zu dürfen.

Galvanis Idee einer tierischen Elektrizität hatte Volta letztlich jedoch nicht widerlegt. Er konnte lediglich beweisen, dass Galvani aus den Zuckungen der Froschschenkel nach der Berührung mit dem Metallstab zu Unrecht auf eine Eigenproduktion von Elektroenergie geschlossen hatte. Galvanis zahlreiche Anhänger hielten die elektrische Kraft weiterhin für entscheidend bei den Prozessen der Nervenleitungen und forschten in diesem Sinne weiter. Der 1798 verstorbene Galvani selbst hatte das Gehirn als Produktionsstätte der Elektrizität angesehen. Und reichlich Material für Experimente mit menschlichen Köpfen war zum Ende des 18. Jahrhunderts vorhanden, nachdem der Arzt Joseph Ignaz Guillotin (1738–1814) eine Maschine erfunden hatte, die den Delinquenten bei seiner Enthauptung nicht leiden ließ. Unter Frankreichs blutrünstigen Revolutionären läuft die Guillotine im Dauerbetrieb und liefert der Galvanischen Societät in Paris Untersuchungsgegenstände nach Belieben: »Eine Minute vor drei fiel das Beil auf dem Place de Greve und fünfzehn Minuten nach drei konnte das Experiment beginnen.«[51]

Wenn das Gehirn tatsächlich Elektrizität produziert und sie auf den Nervenbahnen pulsieren lässt, um die Befehle an die Organe und Extremitäten zu übermitteln, müssten sich irgendwie geartete Reaktionen zeigen, sobald man den abgeschlagenen Kopf unter Strom setzt. In Ermangelung des sauber abgetrennten Körpers erwartet man zumindest Muskelzuckungen im Gesicht des Hingerichteten. Doch die Versuche in Paris bleiben erfolglos. 1803 werden dann in Mainz die Mitglieder der Schinderhannes-Bande hingerichtet. Eine Kommission aus Ärzten und Gelehrten präpariert die Gehirne der Räuber so, dass der eine Pol der Leidener Flasche an die linke, der andere an die rechte Hirnhälfte angeschlossen werden kann. Im Moment der Entladung zeigen sich auf den Gesichtern der Toten gespenstische Mienenspiele.

Doch auch diese Experimente beweisen Galvanis Annahme nicht, da sie letztlich nur demonstrieren können, was bereits seit den Versuchen mit Froschschenkeln bekannt ist: dass Nerven auf Elektrizität reagieren. Um die Existenz einer tierischen Elektrizität belegen zu können, müsste man Nervenströme aus dem Organismus selbst ableiten können. Dazu aber fehlen geeignete Messinstrumente und brauchbare Präparate.

Letztere sucht Alexander von Humboldt (1769–1859) während seiner Forschungsreise durch Südamerika. In der Heimat hatte er bereits mit Froschschenkeln und Metallplatten experimentiert und eine für die Elektrizität empfindliche Nervenaura gefunden. Bei seinen Versuchen glaubte er zu erkennen, dass der Nerv bereits reagiert, wenn er die Pole seiner Batterie nur in die Nähe bringt. In den Llanos von Venezuela machen ihn schließlich Indianer auf die Zitteraale in einem Tümpel aufmerksam. Humboldts Forschereifer ist entzündet. Er muss sich unbedingt einiger dieser lebendigen elektrischen Apparate bemächtigen und ihnen ihre Geheimnisse entlocken. Wie aber an die gefährlichen Trophäen herankommen, ohne selbst Schaden zu nehmen? Auch hier wissen die Indianer Rat. Sie treiben dreißig Wildpferde ins Wasser, deren Stampfen und Trappeln die Zitteraale in Aufruhr versetzt. Sie wühlen sich aus dem Schlamm und gehen zum Angriff über, indem sie unter den Bauch der Störenfriede drängen und ihnen elektrische Schläge verpassen. Die Pferde bäumen sich auf und fliehen »schnaubend, mit gesträubter Mähne, wilde Angst im starren Auge«, ans Ufer.[52] Dort aber stehen die Indianer und scheuchen sie mit Speeren und Peitschen ins Wasser zurück. Die Unruhe alarmiert noch weitere der etwa anderthalb Meter langen, Wasserschlangen ähnelnden schwarz-gelben Fische. Etwa zehn Minuten dauert dieses Höllenszenario, zwei Pferde fallen den Attacken der Zitteraale zum Opfer, doch die Taktik der Indianer geht auf. Die Fische sind von ihren Angriffen so ermüdet, dass sie schließlich mit Harpunen gefangen werden können. Im Hochgefühl des Triumphs stellt sich Humboldt auf einen der gerade aus dem Wasser gezogenen Zitteraale und bekommt sogleich die Quittung für seinen Übermut: »Ich erinnere mich nicht, je durch die Entladung einer großen Leidener Flasche eine so furchtbare Erschütterung erlitten zu haben. Ich empfand den ganzen Tag heftigen Schmerz in den Knien und fast allen Gelenken.«[53]

Humboldt beginnt sogleich mit der Untersuchung der Tiere und stellt als Erstes fest, dass sie selbst gegen ihre Schläge unempfindlich sind. Somit kann die elektrische Wirkung nicht durch das Wasser übertragen werden, sondern setzt den direkten Kontakt zum Opfer voraus. Dem widersprechen jedoch Berichte seiner Gehilfen, die Schläge im Wasser wahrgenommen haben wollen, obwohl der Aal drei bis sechs Meter entfernt war. Also glorifiziert Humboldt die elektrischen Fische ein wenig und konstatiert: »Alles hängt vom Belieben des Tieres ab.«[54]

Humboldt vertritt die Theorie Galvanis von der tierischen Elektrizität und sieht im Zitteraal einen Beweis für deren Richtigkeit. Könnte das elektrische Organ dieser Spezies in kleinerer Dimension nicht auch bei anderen Tieren vorhanden sein? Als Ort für die Produktion der Elektrizität macht

Humboldt die Muskelstränge auf der Bauchseite des Aals aus. Wenn Galvani Recht hatte und das gesamte Nervensystem elektrisch funktioniert, muss es von dort eine Verbindung zur Befehlszentrale im Gehirn geben, wo letztlich die Stromimpulse in die Nerven eingespeist werden. Humboldt trennt einem der Versuchstiere den Kopf ab und prüft, ob immer noch Strom im Körper des enthaupteten Tieres fließt. Dem ist nicht so. Damit hat Humboldt nicht gerade einen letzten Beweis für die Theorie der tierischen Elektrizität gefunden, aber doch ein weiteres Indiz dafür, denn offensichtlich ist das Gehirn notwendig für die Produktion der Ströme, die durch den Körper gehen, wenn ohne Kopf die Elektrizität erstirbt.

Viel weiter kommt Alexander von Humboldt während seines südamerikanischen Abenteuers mit den lebendigen elektrischen Apparaten jedoch nicht. Seine Experimente verlangen einen hohen Einsatz. Da es noch kein Messgerät für die Elektrizität gibt, müssen sein eigener Körper und die seiner Begleiter herhalten, um Ströme nachzuweisen. Dementsprechend lädiert ist die Crew, als sie weiterzieht. Humboldt schreibt die Ergebnisse »mit tauber Hand« auf, sein Vertrauter Bonpland soll – glauben wir dem literarischen Zeugnis – fortan gehinkt haben, und durch Humboldts Blickfeld tanzten Funken, »wenn er die Augen schloss. Lange blieben seine Knie so steif wie die eines alten Mannes.«[55]

Unter dem Begriff »Galvanismus« ist den Ideen des namensgebenden italienischen Naturforschers eine große Karriere beschieden. Bei allem Streit um die Tragfähigkeit der Ergebnisse seiner Forschungen schlägt die durch Galvanis Experimente offenkundig gewordene Verbindung von Elektrizität und Muskelaktivität Funken. Die Hoffnung, mit der Elektrizität ein Movens gefunden zu haben, das alles Lebendige im Innersten antreibt, inspiriert vor allem die Romantiker, die sie um die Wende zum 19. Jahrhundert zur allgemeinen Lebenskraft erklären. Die Elektrizität bildet für sie das gesuchte

Verbindungsstück zwischen dem Großen und Kleinen, dem Lebendigen und Unbelebten. Wenn der Froschmuskel mit derselben Energie arbeitet wie der Himmel, der menschliche Leib und die Metalle, dann verkörpert die Elektrizität die Einheit der Natur und versöhnt den Menschen mit allem Seienden, arbeiten doch seine Nerven und Muskeln auf gleiche Weise wie die anderer Tiere und mit derselben Kraft wie der Himmel. Der Philosoph Friedrich Schelling (1775–1854) spricht diesbezüglich gar von der »Weltseele«.[56] Alles ist eins, denn alles ist Strom. Der gesamte Lebensprozess wird in den Augen des Naturforschers Johann Wilhelm Ritter (1776–1810) zu einem »Galvanismus unzähliger mit und durcheinander verbundener Ketten«.[57] Selbst der Geist soll hier keine Ausnahme bilden. Er wird von den Romantikern als Universalprinzip in die Einheit integriert. So kommt der Philosoph Johann Jakob Wagner (1775–1841) in seinem Buch mit dem bezeichnenden Titel *Von der Natur der Dinge* zu dem Schluss, dass »jeder Gedanke als galvanisch-chemischer Prozess erscheine, und also material mit den Prozessen der Natur identisch sei«.[58]

Damit bereitet ausgerechnet die frühe Romantik das materialistische Forschungsprogramm der modernen Hirnforschung vor, die seither auf der Suche nach den stofflichen Grundlagen der Gedanken ist. Aber auch zweihundert Jahre später können die Neurowissenschaftler in dieser Hinsicht noch immer nicht Vollzug melden und müssen auf zukünftige Generationen setzen.[59]

Froschstrom und der Ernst des Lebens

Bei den späten Romantikern verliert sich die Faszination für die Elektrizität. Auch die Einheit von Körper und Geist wird revidiert, zugunsten eines träumerisch-metaphysischen Konzepts von der unsterblichen Seele, die sich im Reich absoluter

Freiheit bewegt, und dem sterblichen Leib, der den Sachzwängen und Gesetzen der Materie unterliegt. Diese beiden Pole finden sich schließlich in zwei diametral entgegengesetzten Weltsichten wieder. Auf der einen Seite bildet sich der Idealismus heraus, auf der anderen der Materialismus. Beide Richtungen unterscheiden sich grundsätzlich in ihrer Sicht auf das Verhältnis von Subjekt und Objekt. Während der Idealismus davon ausgeht, dass die Objekte erst durch das erkennende Subjekt hervorgebracht werden, leugnet der Materialismus eine solche Beziehung und macht eine unabhängig vom Subjekt existierende Außenwelt zur Prämisse seiner Überlegungen. Dementsprechend konzentrieren sich die Idealisten von Immanuel Kant bis Georg Wilhelm Friedrich Hegel (1770–1831) auf die Bedingungen, unter denen ein Subjekt überhaupt die ihn umgebende Welt erkennen kann, während es den Materialisten von Ludwig Feuerbach (1804–1872) bis Karl Marx (1818–1883) um nichts weniger als die Erschließung der objektiven Gesetzmäßigkeiten dieser Welt geht.

Für die neuzeitliche Naturwissenschaft kommt die folgende Entdeckung einer Initiation in das materialistische Weltbild gleich: Der dänische Physiker Hans Christian Örsted (1777–1851) bemerkt bei Versuchen mit elektrischen Leitern eine merkwürdige Verschiebung des Magnetfeldes. Sobald ein Strom fließt, zeigt seine in der Nähe befindliche Kompassnadel in eine andere Richtung. Örsted weiß natürlich, wie stabil das Magnetfeld der Erde ist, und schließt aus seinen exakt wiederholbaren Beobachtungen, dass die Kompassnadel durch das elektrische Feld abgelenkt wird. Damit hat der Skandinavier nicht weniger als den Elektromagnetismus entdeckt. Rasch ist die Beziehung zwischen Spannung und Magnetismus systematisch erforscht und für die Anwendung bereit. Man braucht lediglich einen Draht um eine Magnetnadel zu winden und eine entsprechende Skala vorzugeben, schon hat man das lang ersehnte Messgerät für elektrische Ströme. Der italienische Physiker Leopoldo Nobili (1784–1835) legt das erste Instrument dieser Art vor, das die Fachwelt Galvanometer nennt. Diese Verbeugung vor Luigi Galvani erweist sich als doppelsinnig, denn mit diesem Gerät sollte man nun seine von Alessandro Volta diskreditierte Theorie der tierischen Elektrizität überprüfen können.

Wie im jungen Erwachsenenalter der Ernst des Lebens, so beginnt mit Einführung des Galvanometers der Ernst der Hirnforschung. Die Jugendträume und Phantastereien, das Herumschwadronieren und Spekulieren früherer Lebensabschnitte beziehungsweise Epochen findet durch das elektrische Messgerät ein jähes Ende. Mit ihm kommt das rationale Bewusstsein zu voller Entfaltung. Nicht mehr die steile These zählt, sondern einzig das Messbare. Gut begründete Vorstellungen über den Sitz der Seele im Herzen, in den Ventrikeln oder der Zirbeldrüse bedeuten nichts mehr gegenüber den Werten der elektrischen Spannung auf der Anzeige des Galvanometers. Die Hirnforschung kommt im erdenschweren Materialismus an, die Philosophie hat in den Laboratorien nichts mehr zu suchen und muss der Empirie weichen.

Leopoldo Nobili setzt als Erster das Galvanometer für die Untersuchung der tierischen Elektrizität ein. Wie seit Galvani üblich, dient der Frosch als Modellorganismus. Das Nerv-Muskel-Präparat wird mit beiden Füßen in je ein Schälchen voll Salzlösung gehalten. Sobald Nobili die beiden Flüssigkeiten mit einem Baumwollfaden verbindet, zucken die Froschschenkel. Das Galvanometer schlägt aus, der »Froschstrom« ist gefunden!

Allerdings lassen sich hier ähnliche Einwände machen, wie Volta sie gegen Galvanis Versuche erhob. Zwar ist bei Nobilis Experimenten kein Metall im Spiel, doch steht zu fragen, ob man auf diese Weise wirklich zweifelsfrei nachweisen kann, dass der gemessene Strom aus dem Frosch selbst kommt. Möglicherweise fließt er nur unter diesen konkreten Laborbedingungen, nicht aber, wenn der Frosch in den Tümpel springt. Schließlich reagieren Nerven bekanntermaßen auf mechanische Verletzungen, die zu jeder Präparierung gehören wie das Skalpell. Nobili ist einen großen Schritt in die richtige Richtung gegangen, einen wirklich schlagenden Beweis für tierische Elektrizität hat er allerdings noch nicht vorgelegt. Er vermutet ein thermodynamisches Geschehen hinter den elektrischen Vorgängen. Da die Nerven weniger Volumen als die Muskeln haben, würden sie wesentlich schneller abkühlen. Deshalb entstünde in den Muskeln positive, in den Nerven negative Spannung. Diese kühne Erklärung des Phänomens ist jedoch durch keinerlei Versuche gedeckt.

Auch der italienische Physiker Carlo Matteucci (1811–1868) kann lediglich einen sogenannten Verletzungsstrom zwischen zwei Körperteilen messen. Wenn er sich unversehrte Gliedmaßen des Frosches vornimmt, zeigt sein Galvanometer in der Regel nichts an. Matteucci setzt jedoch nicht nur das Galvanometer als Messinstrument ein. Viel sensibler und der Erregung angemessener, so findet er, müsse doch ein Froschschenkel selbst sein. So stellt Nobili zwei Nerv-Muskel-Präparate her und legt den Nerv des zweiten auf den Muskel des ersten. Bringt er nun den ersten Muskel zum Zucken, kontrahiert der zweite ebenfalls. Strömte hier die Muskelelektrizität nach außen, oder zuckte der zweite als Messinstrument eingesetzte Froschschenkel lediglich aufgrund einer im Moment der Bewegung durch den ersten Froschschenkel ausgelösten mechanischen Beeinflussung?

Die Telegraphenstation im Bureau der Seele

Im Jahr 1841 schließlich hält der Nestor der deutschen Anatomie in Berlin, Johannes Müller (1801–1858), die Zeit für die genaue Untersuchung der elektrischen Phänomene im Körper für reif. Müller hatte in seinem einige Jahre zuvor erschienen Physiologie-Lehrbuch resümiert: »Ueber die Natur des Nervenprincips ist man ebenso ungewiss, wie über das Licht und die Electricität.«[60] Nun gibt er einem seiner Studenten ein Buch mit den Arbeiten Matteuccis und beauftragt ihn, der Sache mit dem Froschstrom auf den Grund zu gehen.

Der Student heißt Emil du Bois-Reymond (1818–1896), ist gerade Anfang zwanzig und strotzt gleichermaßen vor Selbstbewusstsein wie vor Tatendrang. Er sei, so schreibt er an einen Freund, nach der Meinung von Johannes Müller »wie für diese Aufgabe geschaffen«, denn alle, die sich des Froschstroms bislang angenommen hätten, verstünden »bald nichts von Physik, bald nichts von Physiologie, und so ist es gekommen, dass noch keiner die Sache von dem Standpunkt hat erfassen können, von dem ich sie gleich ergriff«.[61]

So unbescheiden diese Aussage auch klingt, du Bois-Reymond hat Recht. Er schaut sich die Sache nicht vom Frosch her und nicht von den Grabenkämpfen zwischen Galvani und Volta an, sondern vom Messgerät her. Wenn sich der Nervenstrom in den Experimenten von Matteucci und Nobili nicht zweifelsfrei gezeigt hat, heißt das noch lange nicht, dass es ihn nicht gibt. Er könnte doch einen Wert haben, der unterhalb der Empfindlichkeitsschwelle der bislang verwendeten Galvanometer liegt, denkt sich du Bois-Reymond und beginnt, sein elektrisches Messgerät zu sensibilisieren.

Du Bois-Reymond kennt als Physiker die Gesetzmäßigkeit des Elektromagnetismus genau und weiß, wie man die Empfindlichkeit des Galvanometers erhöht. Je mehr Drahtwindungen sich um die Magnetnadel herum befinden, desto mehr Magnetismus entsteht, desto mehr schlägt die Nadel aus, und desto geringere Spannungen kann man messen. So weit die Theorie. Die Praxis heißt: Windung um Windung eigenhändig wickeln. Fast ein halbes Jahr braucht du Bois-Reymond, um das selbstgesteckte Ziel von 4650 Windungen zu erreichen.

Später wird er den Präzisionsmechaniker Johann Georg Halske (1814–1890) dafür gewinnen, einen noch wesentlich empfindlicheren Multiplikator mit stolzen 24 160 Windungen zu bauen. Fünf Kilometer dünnen Kupferdrahts werden dafür nötig sein, dazu viel Geschick und reichlich Frustrationstoleranz, da eine einzige Bruchstelle das ganze Gerät wertlos machen kann: »Ich sah im Geiste, wie ein Galvanometerkasten mit dem feinsten Gefühl und Achtsamkeit mit 33 000 Windungen versehen wurde, um endlich, nach Vollendung – keinen Strom zu haben. Schrecklich!«[62]

Doch Emil du Bois-Reymond bekommt Strom. Zur Aufklärung der Natur der Nervenerregung sind allerdings noch weitere Maßnahmen erforderlich. Es steht die Frage im Raum, »ob das, was man wahrnimmt, in der That der ächte gesuchte Gegenstand der Beobachtung, oder ein durch die angewandten Vorrichtungen vorgespiegeltes sinnloses Blendwerk sei«.[63] Um sich bei seinen Versuchen nicht denselben Einsprüchen wie Galvani ausgesetzt zu sehen, baut sich du Bois-Reymond nichtmetallische Leiter. Er bringt feuchte Papierbäusche »aus sehr vielen Lagen feinen Fließpapiers«[64] auf der Kontaktstelle zwischen dem Körper des Versuchstieres und den Kabeln seines Messgerätes an. Sein Multiplikator schlägt bereits aus, wenn er auf diese Weise an einem verletzten Nerv misst, und zwar »unter Umständen 25 bis 30 Grad, gemeiniglich 15 bis 18 Grad«.[65]

Nun ist es zweifelsfrei erwiesen. In den Nerven fließt Strom, und zwar ein Strom, der vom Tier selbst produziert wird. Eine Sensation! Rasch fasst du Bois-Reymond seine Ergebnisse zusammen und übergibt sie dem ihm über familiäre Beziehungen verbundenen Alexander von Humboldt, der sie sogleich der Pariser Akademie weiterempfiehlt. Humboldt sucht den fünfzig Jahre jüngeren Forscher auch in seinem Laboratorium auf, das er sich in einem engen Zimmer seiner Wohnung in der Berliner Karlstraße 21 (der heutigen Reinhardstraße in Berlin-Mitte) eingerichtet hat. Andere wissenschaftliche Autoritäten der Zeit folgen seinem Beispiel. Neben Johannes Müller sind das der spätere »Reichskanzler der Physik«, Hermann von Helmholtz (1797–1854), die Physiker Heinrich Wilhelm Dove (1803–1879), Heinrich Gustav Magnus (1802–1870) und Moritz Heinrich Romberg (1795–1873) sowie der Zoologe Christian Gottfried Ehrenberg (1795–1876). Sie lassen sich von du Bois-Reymond seine Versuche zeigen, mit denen es ihm gelungen ist, den »hundertjährigen Traum der Physiker und Physiologen von der Einerleiheit des Nervenwesens und der Elektricität zu lebensvoller Wirklichkeit zu erwecken«.[66]

Du Bois-Reymond kann auch am unverletzten Organismus Ströme nachweisen. Die Honoratioren sind so begeistert, dass sie sich gleich selbst als Probanden zur Verfügung stellen. Das Experiment läuft wie folgt ab: Man muss seine beiden Zeigefinger in je ein mit Salzlösung gefülltes Gefäß halten, wobei ein Justierstab für dieselbe Eintauchtiefe sorgt. Nun spannt die Versuchsperson verschiedene Muskelgruppen des Armes an, und auf dem Multiplikator erfolgt fast zur selben Zeit ein Ausschlag. Systematisch untersucht du Bois-Reymond schließlich alle Bereiche des Körpers und stellt mit weiter steigendem Selbstbewusstsein fest: »Ich weise, in allen Theilen des Nervensystems aller Thiere, elektrische Ströme nach.«[67]

Selbst ohne Muskelkontraktion kann er Ströme ableiten, sogar im nichtlebendigen Zustand, was Matteuccis Entdeckung des Verletzungsstroms bestätigt. Schneidet man einen Muskel an und misst zwischen der unversehrten Oberfläche und der verletzten Fläche, schlägt der Multiplikator noch Tage nach dem Tod des Tieres aus. Im Organismus fließt also andauernd ein Nervenruhestrom. Du Bois-Reymond schlussfolgert daraus eine dem Tier innewohnende Elektrizität. Sie muss »präexistent«, also gleichsam dem Körper eingeboren sein, so wie es für Aristoteles das Pneuma war. Der moderne Wissenschaftler des 19. Jahrhunderts kann jedoch einen solchen Begriff nicht

Diese Zeichnung von Emil du Bois-Reymond zeigt die Ableitung der von ihm so benannten »negativen Schwankung« beim Frosch.

einfach unerklärt einführen, wie es im alten Griechenland noch möglich war. So versucht du Bois-Reymond, dem Eigenstrom mit den ambitioniertesten Modellen seiner Zeit auf die Spur zu kommen, und macht geladene Moleküle für das Phänomen verantwortlich. Er stellt sich die Moleküle in den Geweben wie kleine Erdkugeln vor, die in der Äquatorialzone positiv, an den Polen hingegen negativ geladen sind. Die negative und die positive Ladung liegen dementsprechend im rechten Winkel zueinander. Wenn also die verletzte Fläche eines angeschnittenen Muskels positiv gepolt ist, muss die unversehrte Oberfläche negative Ladung aufweisen. Damit ergeben sich ein Plus- und ein Minuspol, zwischen denen wie bei jeder Batterie, Voltasäule oder Leidener Flasche ein Strom fließt. Für den Beweis dieser schillernden Theorie fehlen du Bois-Reymond allerdings die entsprechenden Mittel und Methoden.

Bei einem weiteren Versuch, dieses Mal wieder am lebenden Tier, geschieht etwas Merkwürdiges. Der begnadete Experimentator arretiert einen Frosch so, dass seine Füße in eine Schale mit Kochsalzlösung hängen. Einen weiteren Flüssigkeitsbehälter stellt er dem Tier unter den Bauch. Dann legt er ihm getränkte Papierbäusche um die Hüfte und lässt sie bis in die Flüssigkeit hineinreichen. Zwischen den beiden Schalen leitet er, analog zu den Menschenversuchen, den Nervenstrom ab. Jetzt reizt er über zwei am Oberkörper des Tieres befestigte Elektroden die im Rückenmark befindlichen Nerven. Was geschieht? Der Ausschlag auf dem Galvanometer nimmt nicht, wie erwartet, zu, sondern ab. Sobald er die Reizung einstellt, schwillt der Nervenstrom wieder an. Du Bois-Reymond wiederholt die Versuche mehrfach, doch er erhält immer dasselbe Resultat. Schließlich gibt er diesem Phänomen die naheliegende Bezeichnung »negative Schwankung«.

Warum der Strom abnimmt, obwohl er doch welchen dazugegeben hat, kann du Bois-Reymond nicht befriedigend erklären, doch er spürt, dass er hier auf etwas Wesentliches gestoßen ist, und betrachtet die »negative Schwankung fortan als das äußere Anzeichen der inneren Bewegung im Nerven«.[68] Damit hat der *spiritus animalis* endgültig ausgedient. Das bewegende Prinzip von Gehirn und Nerven heißt seit den Arbeiten von du Bois-Reymond Elektrizität und die von ihm begründete Fachrichtung Elektrophysiologie. Ein reichhaltiges und aufwendiges Arbeitsgebiet entsteht, das in wenigen Jahren aus der Anatomie herauswächst. Folgerichtig fällt nach dem Tod seines Lehrers Johannes Müller, der den Lehrstuhl für Anatomie und Physiologie an der Berliner Universität fünfundzwanzig Jahre lang innehatte, die Entscheidung, die Fächer zu trennen. Emil du Bois-Reymond übernimmt 1858 die Professur für Physiologie.

1971 werden Anatomie und Elektrophysiologie wieder zusammenfinden, als es einer Arbeitsgruppe um Friedrich Zettler (*1934) am Zoologischen Institut der Universität München gelingt, durch die hauchdünne Glaskapillare, mit der die Neurone für sogenannte intrazelluläre Ableitungen angestochen werden, einen Farbstoff in die Zelle zu injizieren. So gelingt es, das Neuron, an dem gemessen wird, anschließend zu färben, sodass man seine anatomische Stellung genau orten kann. Randolf Menzel erinnert sich an diese Sternstunde der Wissenschaft: »Als Zettler seinen Vortrag beendet hatte, geschah etwas, was ich nie wieder auf einem wissenschaftlichen Kongress erlebt habe: Das Licht ging an, alle versammelten Wissenschaftler erhoben sich von ihren Plätzen und applaudierten.«[69]

Der Elektrophysiologe du Bois-Reymond stiftet der Hirnforschung eine neue Metapher. Wie in ihrer Geschichte bewährt, wird hierbei die neueste Technologie bemüht. Mitte der 1830er-Jahre kommt der US-amerikanische Erfinder und bildende Künstler Samuel Finley Breese Morse (1791–1872) auf eine geniale, bestechend einfache Idee. Wenn man einen Stromkreis zuverlässig an- und ausschalten kann, müsste es doch möglich sein, nach dem Vorbild der Indianer Informationen zu übermitteln. So wie die Ureinwohner seines Landes mit Rauchzeichen könnte man mithilfe elektrischer Signale arbeiten und wäre an keinerlei räumliche Grenzen gebunden. Voraussetzung wäre lediglich, dass eine Stromleitung gelegt wird und Sender wie Empfänger denselben Code bekommen. Morse fährt zweigleisig, indem er einerseits ein Gerät baut, das die von einer Taste produzierten Stromsignale empfängt und an einen Elektromagneten sendet. Dieser wiederum bewegt einen Stahlstift, der sich in eine Papierrolle einprägt. Andererseits denkt sich Morse ein Code-System nach Maßgabe der technischen Möglichkeiten aus. Immerhin drei verschiedene Impulse kann man mit der Anlage übermitteln, indem man den Stromkreis an- und ausschaltet: ein kurzes und ein langes Signal sowie eine Pause. Um zu standardisieren, was als kurz, als lang und als Pause gilt, synchronisiert er die Signale über ein Uhrwerk. Mit drei Variablen kann er bei faktisch unbegrenzter Länge der Kombinationen eine im Prinzip unendliche Anzahl von Zeichen übermitteln.

Sein Schreibtelegraph, der mit den nach ihm benannten Morsezeichen arbeitet, ist ein durchschlagender Erfolg. Innerhalb weniger Jahre werden die USA verkabelt. Auch in Europa tritt die elektrische Übermittlung von Nachrichten rasch den Siegeszug an. Es wird gekabelt, was die Papierrolle hält. Bereits 1850 führt ein Seekabel von Dover nach Calais und verbindet das britische Königreich mit dem Kontinent, woraufhin ein Kasseler Bankangestellter unter Pseudonym die Nachrichtenagentur Reuters gründet. Morse lässt sich angesichts der grenzüberschreitenden Kabel zu einem Vergleich hinreißen und bezeichnet die Telegraphenleitungen »explizit als Nervenbahnen, die Informationen über alle möglichen Vorkommnisse im ganzen Land verbreiten«.[70]

Die Richtung dieser Metaphorik läuft der herkömmlichen entgegen, denn bislang suchten die mit der Erforschung des

Gehirns befassten Gelehrten Vergleiche, die Funktion und Charakter ihres Forschungsobjektes verdeutlichten, und bedienten sich dafür aus dem Repertoire der avanciertesten technischen Entwicklungen ihrer Zeit. Nun müssen erstmals die Nerven zur Veranschaulichung der neuen Kommunikationstechnik herhalten.[71] Der Spezialist für die Erforschung der elektrischen Natur der Nerven, Emil du Bois-Reymond, rückt die Verhältnisse jedoch rasch wieder gerade und entwirft eine neue Metapher für das Hirn. Dabei geht er vom Hofpostamt ganz in der Nähe seines elektrophysiologischen Labors aus. »So wie die Zentralstation der elektrischen Telegraphen im Postgebäude in der Königsstraße durch das riesenhafte Spinngewebe ihrer Kupferdrähte mit den äußersten Grenzen der Monarchie im Verkehr steht, so empfängt auch die Seele in ihrem Bureau, dem Gehirn, durch ihre Telegraphendrähte, die Nerven, unaufhörlich Depeschen von allen Grenzen ihres Reiches, des Körpers, und teilt nach allen Richtungen Befehle an ihre Beamten, die Muskeln aus.«[72]

Du-Bois Reymond kennt sich bestens mit Telegraphen aus. Er arbeitet eng mit Jan Georg Halske zusammen, der ihm seinen Hochleistungsmultiplikator mit 24 160 Windungen gewickelt hatte. Halske gründet 1847 gemeinsam mit einem gewissen Werner von Siemens (1816–1892) die Berliner Telegraphenbauanstalt, die ganz Europa mit den begehrten Geräten für die neue Informationstechnologie versorgt. Die Schlagrichtung der Metapher, die du Bois-Reymond wählt, könnte klarer kaum sein: Das Gehirn wird von nun an als die Kommandozentrale angesehen, in der alle Informationen zusammenlaufen, bis die Nervendrähte nur so glühen. Zugleich ergehen von hier aus die Befehle ins gesamte Körperreich.

Indem der *spiritus animalis* als Wirkkraft der Nerven durch elektrischen Strom ersetzt wird, kommt die Hirnforschung zwar inhaltlich weiter, konzeptuell jedoch geht du Bois-Reymonds Metapher nicht wesentlich über Descartes hinaus.

Seine Vorstellung von der Funktion des Hirns ist wie die cartesianische letztlich der Mechanik abgeschaut. Zwar wird nun nicht mehr an den Nervenfäden gezogen, auf dass die Glocke im Hirn den Schmerz signalisiert, auch bemüht du Bois-Reymond zur Erklärung der Muskelkontraktion nicht mehr das Prinzip des Blasebalgs. Alles befindet sich auf dem neuesten Stand der Technik, auf Tuchfühlung mit dem »Wunder unserer Zeit«, als das er die »elektrische Telegraphie«[73] bezeichnet. Doch im Kern ist sein Denken ebenso sehr den direkten, monokausalen Wirkungsketten verpflichtet wie Descartes, was nicht weiter verwundern mag, schließlich befindet sich du Bois-Reymond ebenfalls unter dem Einfluss der »Gutenberg-Galaxis«.[74] Buch und Buchdruck bestimmen nach wie vor konkurrenzlos die Art und Weise der Weltwahrnehmung. Auf A folgt auch im 19. Jahrhundert B. Kausale Logik steht hoch im Kurs, das rationale Bewusstsein gelangt zu voller Entfaltung, und du Bois-Reymond liefert mit seiner Elektrik von Gehirn und Nerven neue Möglichkeiten, um die Phänomene der Welt unter sachliche Erklärungen und naturwissenschaftliche Gesetze zu zwingen. Im Hirn sitzen nun Morsetasten für die Befehlsausführung und Telegraphen für die Registrierung der Sinnesreize. Aber wer bedient sie?

Zeitweiliges und prinzipielles Unwissen

Emil du Bois-Reymonds konsequent materialistisch ausgerichtetes Projekt des Experimentierens und Messens bekommt in seiner zweiten Lebenshälfte eine geradezu melancholische Note. Der Vierundfünfzigjährige beginnt grundsätzlich an der Möglichkeit zu zweifeln, den Geist auf eine materielle Grundlage zurückzuführen. In einem Vortrag mit dem sprechenden Titel »Über die Grenzen des Naturerkennens« entwickelt er sein berühmt gewordenes Ignorabismus-Argument. Demnach seien er und seine Kollegen mittlerweile daran gewöhnt, angesichts der vielschichtigen Rätsel der Körperwelt »mit männlicher Entsagung sein ›Ignoramus‹ auszusprechen«.[75] Das lateinische *ignoramus* heißt zu Deutsch »Wir wissen es nicht«. Dieser Wendung kann man mit einigem Optimismus ein »noch« beifügen und die Klärung offener Fragen somit an zukünftige Wissenschaftlergenerationen adressieren. Eine Praxis, die sich in der Folge eingebürgert hat.

Es gibt aber noch einen weiteren Bereich, in dem das »noch nicht« keinen Platz hat und wo dem Materialisten seine eigene Erkenntnisweise auf die Füße fällt. Wenn man davon ausgeht, die ganze Welt mit dem Messgerät ergründen und aus den auf diese Weise erhobenen Daten eine schlüssige Erklärung ihrer Phänomene bekommen zu können, schließt man per definitionem alles aus, was nicht messbar ist. So holt die untergründig wirkende Dialektik vom Verdrängten und seiner Wiederkehr du Bois-Reymond und mit ihm die Erkenntnisperspektive der modernen Naturwissenschaften ein, wenn es um Fragen des Geistes geht. Der ist nicht zu messen, egal wie viele Windungen man auch immer auf die Spule des Multiplikators wickelt. In den Angelegenheiten des Bewusstseins handelt sich die Hirnforschung durch das Aufgeben der spekulativ-metaphysischen Positionen der Vergangenheit eine fundamentale Ratlosigkeit ein. In der antiken Philosophie ging man die großen Probleme des Geistes mit den adäquaten Kräften des Nachdenkens und dessen eingängiger Analyse an. Auch das Mittelalter beschäftigte sich auf seine spezifisch christliche Weise aus geistiger Perspektive mit dem Bewusstsein. Doch vor dem Hintergrund der materialistischen Leugnung alles Nichtmaterialistischen gelingt nun der Schluss von der *res extensa*, also der Welt der Atome, auf die *res cogitans*, die geistigen Sphären, nicht mehr. Sicherlich, das hätte man vorher wissen können. Aber die moderne Naturwissenschaft stand nie vor der Wahl, einen anderen Weg als den der messenden

Empirie zu gehen. So wird in besonderem Maße die Hirnforschung mit der Erkenntnislücke zwischen geistigen und materiellen Zuständen geschlagen sein. Eine Art Schicksal, dem man sich mit jener »männlichen Entsagung« stellen muss, von der du Bois-Reymond sprach. Interessanterweise tut die Tatsache, dass ein Wissenschaftssystem in sich nicht widerspruchsfrei ist, der Produktivität des Faches keinen Abbruch.[76]

Die Größe du Bois-Reymonds kann man unschwer in der schonungslosen Aufdeckung dieser Problematik sehen. Er tritt in Leipzig vor die Gesellschaft Deutscher Naturforscher und Ärzte und entwickelt vor diesem illustren Kreis seinen Gedanken, »dass nicht alleine bei dem heutigen Stand unserer Kenntnis das Bewusstsein aus seinen materiellen Bedingungen nicht erklärbar ist, was wohl jeder zugibt, sondern auch dass es der Natur der Dinge nach aus diesen Bedingungen nie erklärbar sein wird«.[77] Damit ist genau der Punkt erreicht, an dem es keinen Platz mehr für das »noch nicht« gibt. *Ignoramus et ignorabimus*: Wir wissen es nicht, und wir werden es nicht wissen. Niemals wird die Hirnforschung das Bewusstsein, also die Summe innerer Zustände, auf die spezifische Anordnung von Atomen zurückführen können. Diese grundsätzliche Absage du Bois-Reymonds an die Erklärbarkeit fußt auf der einen Seite auf der unüberbrückbaren Wesenheit dessen, was man erlebt – »Ich fühle Schmerz, ich fühle Lust, fühle warm, fühle kalt; ich schmecke Süßes, rieche Rosenduft, höre Orgelton, sehe Rot«[78] –, und auf der anderen Seite auf der materiellen Realität der Atome, denen ihre Anordnung und Struktur völlig gleichgültig ist. Damit aber erweist sich die Materie als bar jeglicher Voraussetzung für die Bildung von Bewusstsein. So muss der Naturforscher »gegenüber dem Rätsel, was Materie und Kraft seien, und wie sie zu denken vermögen, ein für allemal zu dem viel schwerer abzugebenden Wahrspruch sich entschließen: ›Ignorabimus‹«.[79]

Der sich dank der unübersehbaren technischen Erfolge allerorten entwickelnde präpotente Fortschrittsoptimismus bekam auf diese Weise einen ersten mächtigen Dämpfer aus berufenem Munde. In ihren dunkleren Stunden werden sich die Hirnforscher des 20. und 21. Jahrhunderts immer wieder am Ignorabimus-Argument du Bois-Reymonds abarbeiten.[80]

Wie sich siebenundzwanzig Hirnorgane auf dem Schädel abzeichnen

Das 19. Jahrhundert steht in der Hirnforschung nicht allein im Zeichen der Elektrizität. Viele Wissenschaftler zeigen sich von der neuen Kraft ganz und gar nicht elektrisiert und bleiben eher der anatomischen Tradition ihres Fachs treu. Samuel Thomas Soemmering, der am Ausgang des 18. Jahrhunderts mit seinem Buch *Über das Organ der Seele* letztmalig versucht, die Ventrikel ins Spiel zu bringen, verfügt über ausgezeichnete anatomische Kenntnisse des Gehirns. In seinen Darlegungen kann er sich auf hundertvierunddreißig Sektionen menschlicher Gehirne stützen. Auch an Tieren hat er vergleichende Studien durchgeführt, bei seinem Tod hinterlässt er stolze 3917 Präparate. Weder die Elektrophysiologie noch die Hirnchemie interessieren den Mediziner. Letztere erweist sich für ihn als äußerst unergiebig, ergibt seine chemische Analyse der Hirnsubstanz doch nichts »außer viel Wasser, ¼ Unze Laugensalzgeist, 1⅔ Unzen ranziges Öl und 40 Gran flüchtiges Salz«.[81]

Während Soemmerings Schriften eher der Gelehrtenwelt vorbehalten bleiben, beeindruckt ein Kollege von ihm nahezu alle Bevölkerungsschichten mit seinen anatomischen Untersuchungen. Die Rede ist von dem deutschen Arzt Franz Joseph Gall (1758–1828), zu dessen Publikum Studenten, Professoren, Laien, ja sogar »vorwitzige Frauenzimmer« gehören.[82] Auch der Geheime Rat Johann Wolfgang von Goethe (1749–1832) lässt es sich nicht entgehen, einem Vortrag von Gall beizuwohnen. Der preußische König Friedrich Wilhelm III. (1770–1840) gibt zu seinen Ehren gar ein festliches Mahl und unterzieht den vielgerühmten Mann dabei einer tückischen Prüfung. Zur Tafel sind nämlich auch einige zweifelhafte Gestalten geladen, die der König als hochrangige Offiziere vorstellt. Ihren Uniformen nach sind sie es auch, doch Gall kommen Zweifel. Anstelle ausgeprägter Tapferkeit entdeckt er bei einem der Männer an der Kopfform einen Hang zu Aggression und Zerstörung. Als er das kundtut, gesteht der Monarch, dass es sich bei seinen angeblichen Offizieren um eigens zu diesem Zweck aus dem Zuchthaus geholte Sträflinge handelt. Friedrich Wilhelm III. ist derart fasziniert von den Fähigkeiten seines Ehrengastes, dass er sogleich eine Medaille zu Galls Ehren prägen lässt, auf deren Vorderseite das Konterfei des Arztes mit der Überschrift »Im Forschen kühn – bescheiden im Behaupten« zu sehen ist. Die Rückseite zeigt einen zum Teil verhüllten menschlichen Schädel und die Widmung »Der Seele Werkstatt zu erspähn, fand er den Weg.«[83] Wie aber gelang es Franz Gall, seinem Tischgenossen so tief in die Seele zu schauen?

Bereits als Jugendlicher soll er sich sehr für die Eigenheiten seiner Mitschüler und Kommilitonen interessiert haben. So fiel ihm auf, dass jene, die über eine besonders gute Merkfähigkeit verfügten, oft auch hervortretende Augen – von Franz Gall auch Klotzaugen genannt – haben. Diese Art der Betrachtung des Menschen ist zu dieser Zeit nicht neu. Der Schweizer Pfarrer Johann Caspar Lavater (1741–1801) entwickelt in der zweiten Hälfte des 18. Jahrhunderts seine Physiognomik, mit der er aus dem Aussehen auf das Seelenleben schließt. Das Bekannte, mehr oder weniger Unveränderliche im Außen steht zeichenhaft für das Unbekannte, nicht Sichtbare im Inneren. Nicht von ungefähr kommt Lavater im

Vorwort seines Buchs *Physiognomische Fragmente zur Beförderung der Menschenkenntnis und Menschenliebe* auf die Sprache als das Zeichensystem des Menschen zu sprechen und kündigt an, »einige Buchstaben dieses göttlichen Alphabeths so leserlich vorzuzeichnen, daß jedes gesunde Auge dieselbe wird finden und erkennen können, wo sie ihm wieder vorkommen«.[84] Im Klartext heißt das, Gesichtsausdrücke zu deuten. Lavater nimmt sich berühmte Gesichter vor. In Shakespeares Porträt entdeckt er einen »leicht verwandelnden und umschaffenden Kopf«, in Nase, Mund und Augen Attilas seinen »viehischen Charakter«, im »Untertheil« des Gesichts eines Anonymus die »Tohrheit« und schließlich ein »filziges, niedriges Gesicht« bei Judas – »Wer wird sich einem solchen Gesichte gern vertrauen?«[85] Wen wundert es da, dass sich die Rassenideologen des »Dritten Reiches« auch auf die Physiognomik stützen werden.

Die Methode von Franz Gall scheint der Lavater'schen nicht unähnlich, doch geht der niedergelassene Arzt einen Schritt weiter als der Schweizer Pfarrer. Gall bleibt nicht vor dem Unbekannten stehen, auf das die Gesichtszüge nach Lavater hindeuten sollen, sondern er dringt mit dem Skalpell in diese Bereiche vor. Oder genauer gesagt: mit Schere, Pinzette, Tubus, Messer, Hammer, Kopfsäge und Kneifzange. Allerdings fertigt Gall keine Schnitte des Gehirns an, sondern präpariert die Faserstrukturen heraus und verfolgt ihren Verlauf. Von unten nach oben, das heißt vom Rückenmark aufsteigend bis zur Hirnrinde. Die Untersuchungen an verschiedenen Tieren, von denen er sich diverse Arten im heimischen Garten hält, lehren ihn, das Rückenmark nicht als Verlängerung des Gehirns zu begreifen, sondern diese Sichtweise umzukehren: Das Rückenmark findet sich auch bei niederen Tieren, insofern muss das Gehirn, das beim Menschen den höchsten Entwicklungsgrad erreicht, Fortsetzung und Weiterentwicklung des Rückenmarks sein.

Diese Herleitung Galls hält den heutigen Erkenntnissen der Entwicklungsbiologen stand. Demnach beginnt die Genese des neuronalen Systems schon bei den Mehrzellern – am bekanntesten als Beispiel sind hier wohl die Quallen –, die Nervennetze anlegen. Bei den höheren Tieren verdichten sich diese Netze zu mehreren Nervenknoten, die man als eine Art Rückenmark ansehen kann, bevor dann schließlich in der Nähe der Sinneseingänge das Gehirn entsteht und sich im Laufe der Evolution weiterentwickelt.

Gall findet heraus, dass vom Kleinhirn aus die gesamten Bewegungen gesteuert werden, misst diesem aber keinerlei Empfindungsfähigkeit zu. Hierfür sei das Großhirn zuständig, wie überhaupt für alle höheren Funktionen und Fertigkeiten. Das schließt Gall aus vergleichenden anatomischen Studien mit verschiedenen Tiergehirnen und aus dem spezifischen Verlauf der Fasern bis hinauf in den Cortex: »Alle diese Fasern sind an ihren Spitzen mit grauer Substanz belegt, welche also die Form der Nervenausbreitung haben muss.«[86] Für Gall ist der Fall damit klar. In der Großhirnrinde schreiben sich die höheren Fähigkeiten in materieller Form nieder. Er braucht nur noch die Topologie dieses besonderen grauen Gewebes zu kartographieren, dann kann er die Hirnabdrücke verschiedener Menschen miteinander vergleichen. Wenn er schließlich die Unterschiede in deren Verhalten, Talenten und Begabungen hinzuzieht, wird es ihm nach Sammlung hinreichend vieler Fälle gelingen, all diese Eigenschaften ganz bestimmten Bereichen auf der Hirnrinde zuzuordnen. Er gab sich »ganz und gar der Beobachtung (*observation*)« hin und »zeichnete bald in dieser, bald in der anderen Region die Form des Organs ein, das ich eben entdeckte«.[87]

Ein Großprojekt. Gall obduziert, was ihm unters Skalpell kommt. Am liebsten Menschen mit Besonderheiten in Intelligenz oder Verhalten, also Genies, Verbrecher und Geisteskranke. Seine Sammelwut kennt keine Grenzen, und so besitzt er zur Jahrhundertwende bereits über dreihundert präparierte Schädel. Die Obsession des Arztes spricht sich in Wien rasch herum, seine Vorlesungen mit eingängigen Demonstrationen der neuartigen Hirntheorie erfreuen sich enormen Zulaufs. Zugleich aber bangen seine Zeitgenossen um ihre Köpfe, da Gall Material braucht, um seine Lehre immer weiter auszufeilen. Amüsiert über die grassierende Angst, schüttet er Öl ins Feuer und schreibt, dass es für einen Kant oder einen Wieland schon gefährlich würde, »wenn mir Davids Würgeengel zu Gebote stünde. Allein als ein guter Christ will ich mit Geduld auf Gottes langmüthige Barmherzigkeit harren«.[88] Der äußerst vielseitige Johann Michael Denis (1729–1800), der sich als Priester, Schriftsteller wie als Zoologe betätigt und als Königlicher Oberhofbibliothekar fungiert, zeigt sich um die Unversehrtheit seiner sterbliche Überreste besorgt und verfügt in seinem Testament, dass sein Kopf nach seinem Tod unter keinen Umständen in Galls Hände fallen dürfe.

Allerdings bleiben auch die Lebenden nicht verschont. Gall stellt bei seinen differentialdiagnostischen Untersuchungen fest, dass sich die in der Hirnrinde manifesten geistigen Funktionen in die Schädelstruktur übertragen, sich gleichsam durchdrücken wie die Knochen durch die Haut. Das heißt, man kann an der Form des Kopfes die spezifischen Eigenheiten und Talente seines Trägers erkennen. Gall behauptet, dass die »Ausprägungen des Schädels – die mit Verhaltensfunktionen korreliert sind – als Resultat von Baubesonderheiten der darunterliegenden Hirnrinde zu verstehen seien«.[89]

Schon Thomas Willis hatte die Hirnrinde des Menschen für zu groß und dominant gehalten, um ihr lediglich Schutz- und Versorgungsaufgaben zuzubilligen, er hatte dort das Gedächtnis beheimatet gesehen. Indem Gall alle höheren Fähigkeiten des Menschen direkt unter das Schädeldach verlegt, versetzt er der Ventrikeltheorie den endgültigen Todesstoß. Von nun an steht die Großhirnrinde im Zentrum des Interesses der Hirnforscher. Zugleich differenziert Gall das, was bislang als Geist galt. In der Analyse des Gehirns konzentriert er sich nicht auf dessen Einheit, sondern auf dessen Teile, die er als eigene Organe versteht. Insgesamt findet er siebenundzwanzig solche Hirnorgane. Sie sind paarig auf jeder der beiden Seiten der Großhirnrinde angelegt, von der Anhänglichkeit über Farbensinn und Freundschaft bis hin zum Zahlen- und Zeitsinn. Auch einen Sinn für Gott will Gall entdeckt haben, ebenso wie jenen für Witz und Ruhmsucht oder den Fortpflanzungssinn, den er in den Nackenansatz legt. Der Würg- und Mordsinn verrät sich nach Gall übrigens zwischen Schläfe und Ohr, da er diesen Bereich bei Raubtieren besonders ausgeprägt vorgefunden hat.

Bei Tieren zählt er immerhin neunzehn Hirnorgane, womit der Wiener Arzt bereits eine Generation vor dem englischen Biologen Charles Darwin (1809–1882) mehr Ähnlichkeiten als Unterschiede zwischen dem Göttersohn Mensch und den anderen Kreaturen der Erde sieht. Gall findet am hinteren Kopf ab dem mittleren Schädelbereich abwärts jene Hirnorgane, die Mensch und Tier gemeinsam sind, in der vorderen unteren und oberen Region hingegen jene Hirnteile, die dem Kopf des Menschen seine Charakteristik geben, welche »sich wesentlich von jener der anderen Tiere unterscheidet«. Tatsächlich: Der Mensch ist für Gall auch nur ein Tier! Wenn auch »das vollkommenste«.[90]

In Österreich wird ihm deswegen Häresie vorgeworfen. Auch dass der Gottessinn nur ein Hirnorgan unter vielen anderen sein soll, das sich in nichts außer seiner Lage vom Hang zum Stehlen oder vom Ortssinn unterscheidet, nimmt man ihm übel. Doch fast noch schwerer wiegt der Materialismusvorwurf, den man dem »doctor medicinä« macht, weil er die seelischen Fähigkeiten in schlichte Hirn- und Schädelbereiche einzuzwängen sucht. Kaiser Franz sieht die wachsende Begeisterung für diese Lehre mit Besorgnis und verbietet schließlich, nachdem Franz Gall bereits die Lehrerlaubnis an der Universität entzogen wurde, auch seine Privatvorträge, »da über diese Kopflehre, von welcher mit Enthusiasmus gesprochen wird, vielleicht mancher den eigenen Kopf verlieren dürfte, diese Lehre auch auf Materialismus zu führen mithin gegen die ersten Grundsätze der Religion und der Moral zu streiten scheint«.[91]

Die Verehrer Franz Galls setzen sich für ihn ein. So der Chef der Erziehungsbehörde, der Direktor des Allgemeinen Krankenhauses in Wien und sogar der Polizeiminister. Doch sie können gegen das kaiserliche Verbot nichts ausrichten. Gall verlässt Wien zusammen mit seinem Assistenten Johann Caspar Spurzheim (1776–1832) und feiert nun in überfüllten deutschen Hörsälen Erfolge. Nach einer zweijährigen Vortragstournee, die ihn auch nach Dänemark, Holland und in die Schweiz führt, ist er ein gemachter Mann, und sein Ruf eilt ihm bereits nach Paris voraus, wo sich Gall schließlich niederlässt. Doch auch dort hat er Feinde. Der mächtigste unter ihnen ist der Kaiser, Napoleon Bonaparte (1768–1821). Auch er erhebt gegen Gall den Materialismusvorwurf und beschimpft ihn als Scharlatan, der mit Taschenspielertricks die Gutgläubigen blendet, während er selbst recht einfältig sei. Die Einfältigkeit des *docteur allemand* glaubt Napoleon in der – freilich vereinfacht dargestellten – Methode Galls zu erkennen: »Er teilt bestimmten Höckern am Kopf Neigungen und Verbrechen zu, die in der Natur nicht gegeben sind, die nur von der Gesellschaft und der Konvention der Menschen kommen: Wie sollte denn ein Diebeshöcker entstehen, wenn es kein Eigentum gäbe? Der Höcker der Trunksüchtigkeit, wenn es nicht alkoholische Getränke gäbe?«[92]

Franz Gall antwortet mit einem »Memoire« seiner Erkenntnisse, das er der Französischen Akademie im März 1808 zur Begutachtung vorlegt. Doch auch hier stößt er auf Ablehnung. Es lägen keinerlei schlüssige Beweise für die Entsprechung von materieller Struktur und Funktion vor, die Grundlage seiner Erörterungen sei, urteilte die eigens vom Institut de France eingesetzte Kommission. Galls beobachtende Methode sei unwissenschaftlich, da sie letztlich in Behauptungen und Spekulationen münde. Auch vermissen die Gutachter bei dem Doktor aus Deutschland Demut, die doch einen wahren Wissenschaftler ausmache, der eine klare Linie zwischen Bekanntem und Unbekanntem ziehen könne. Gall hingegen scheine weder Selbst- noch Erkenntniskritik zu kennen.

Diese Argumente zielen eher auf den Charakter der Schädellehre, entbehren jedoch selbst wissenschaftlicher Beweise in Form eines Gegenexperiments. Das liefert mit dem Physiologen Marie-Jean-Pierre Flourens (1794–1867) ausgerechnet ein ehemaliger Anhänger Galls. Flourens öffnet die Schädel lebender Vögel. Dann trägt er Schicht um Schicht ihr Großhirn ab. Davon zeigen sich anfänglich weder die kognitiven noch die sensitiven oder die vitalen Fähigkeiten des Versuchstieres beeinträchtigt, egal von wo aus er mit den Läsionen beginnt. Erst als Flourens in tiefere Regionen vorstößt, fallen die Tiere plötzlich in Agonie und sterben daraufhin. Mit diesem Versuch gilt Galls Theorie als widerlegt, da hier erstmals der empirische Beweis erbracht wird, weil die Funktionen nicht in eng umschriebenen Regionen auf der Großhirnrinde lokalisiert sein können, da die Funktionen nach der Entfernung der Hirnmaterie nicht einzeln ausfallen. Der französische Experimentator plädiert für eine gänzlich andere Sicht auf das Gehirn, die unter der Bezeichnung Flourens- oder auch Äquipotentialtheorie in die Wissenschaftsgeschichte eingegangen ist. Demnach bildet das Hirn eine dynamische Einheit, in der alle Teile auf komplexe Weise miteinander in Wechselwirkung treten. Die Leistungen ergeben sich als Integration verschiedenster Bereiche und Funktionen und sind nicht abgrenzbaren Arealen zuzuweisen.

Die Kontroverse Flourens versus Gall gibt der Hirnforschung ein neues Thema, das sich bis in die Gegenwart hält. Durch den Einsatz bildgebender Verfahren bekommt die Lokalisationstheorie Ende des 20. Jahrhunderts noch einmal mächtigen Aufwind, da man nun dem Gehirn bei der Arbeit zuschauen kann. Mittlerweile können aktivierte Hirnbereiche millimetergenau lokalisiert werden. Zugleich regt sich, wie zu Galls Zeiten, erheblicher Widerstand gegen die Verortung einzelner Fähigkeiten in räumlich abgegrenzten Arealen. Gegner der Lokalisation weisen darauf hin, dass, während ein Areal zu hundert Prozent aktiv ist, der Rest des Hirns immerhin noch eine Aktivität von achtzig Prozent aufweist. Dementsprechend kann ein Areal seine besondere Funktion erst ausführen, weil die anderen Hirnbereiche ebenfalls beteiligt sind. »Ich glaube, seine eigentliche Funktion erfährt das Areal in einem jeweiligen Netzwerk«, sagt denn auch die deutsche Hirnforscherin Angela Friederici (*1952).[93]

Gall akzeptiert den Widerlegungsversuch von Flourens schon deshalb nicht, weil er ein ausgesprochener Gegner der Vivisektion ist. Die Experimentatoren, die sich solcher Methoden befleißigen, nennt er nicht Wissenschaftler, sondern Verstümmler. »Außerdem sind diese grausamen Experimente … fast niemals für den Menschen schlüssig.«[94] Seinen Weg setzt Gall unbeirrt fort. Er hält Vorträge und fasst all seine Kenntnisse über die Lokalisation des Geistes in einem vierbändigen Opus magnum zusammen.[95] Bei der insgesamt zehn Jahre andauernden Arbeit an diesem Werk muss es zwischen Gall und Spurzheim zu Spannungen gekommen sein. Jedenfalls verlässt der Assistent seinen Lehrer. Die Gall'sche Schädellehre wird dadurch eine zweite Karriere erfahren.

Spurzheim geht nach England und kreiert mit dem Wort »Phrenologie« eine Art Markennamen. *Phrenos* steht im Griechischen für »Geist« und *logos* für »Lehre«. So wird aus der Schädellehre eine Geistlehre. Der Begriff »Phrenologie« bürgert sich rasch ein, und Spurzheim nimmt weitere Veränderungen an Galls Theorie vor. So erhöht er die Zahl der in der Schädelform befindlichen Organe von siebenundzwanzig auf siebenunddreißig und weist ihnen zum Teil einen anderen Sinn zu. Aus dem Dichtergeist oberhalb des Haaransatzes auf Höhe des Seitenscheitels wird in der Spurzheim'schen Phrenologie der Sinn für Idealität. Auch der Würg- und Mordsinn erfährt in der Phrenologie eine Verwandlung und heißt nun Zerstörungssinn. Die Schlagrichtung des neuen Designs der Lehre von der Verortung des Geistes geht weg vom Pessimismus und Fatalismus Franz Galls hin zu einer freundlichen Menschensicht, die selbst Schwächen als Stärken umzudeuten weiß. Wer eine auffällige Erhebung über dem Ohr hat, muss nun nicht mehr als potentieller Mörder weggeschlossen werden, sondern kann ein Vermögen als Abrissunternehmer machen.

Aus der ehemaligen Hirnlehre wird ein Analyse-Instrument, mit dem jeder ohne aufwendige Innenschau seine speziellen Talente erkennen und gewinnbringend entwickeln kann. Die Phrenologie boomt und fällt, nach einer Vortragsreise von Spurzheim, in den USA auf besonders fruchtbaren Boden. Jenseits des Atlantiks, wo die Möglichkeiten bekanntlich unbegrenzt sind, kommt eine Methode, die mit dem Versprechen auftritt, das Beste aus einem herauszuholen, wie gerufen. Die Brüder Orson Squire (1809–1887) und Lorenzo Niles Fowler (1811–1869) vermarkten die Phrenologie mit gewaltigem Erfolg. Für ihre Berufsberatungszentren dünnen sie Galls Lehre noch weiter aus. Bald schon arbeitet man hier

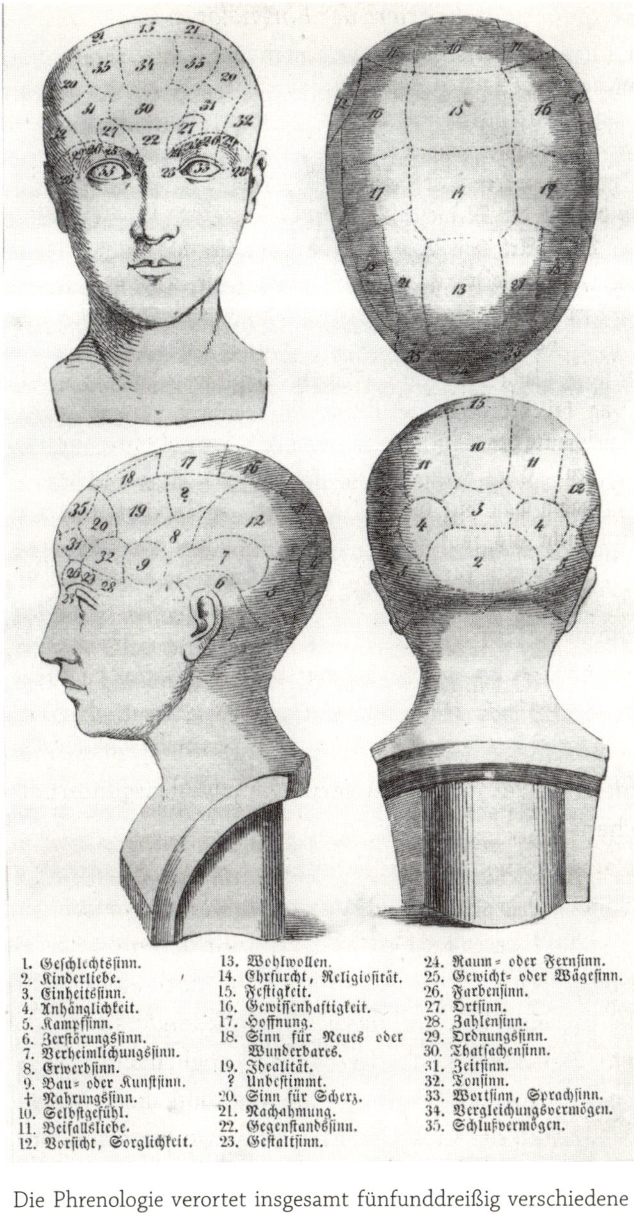

Die Phrenologie verortet insgesamt fünfunddreißig verschiedene menschliche Vermögen auf dem Schädel. Von Mensch zu Mensch sollen sie verschieden stark ausgeprägt sein. Zeichnung aus Gustav Scheves *Phrenologischen Bildern*, 1855.

nicht mehr mit mehrbändigen, hochkomplexen Buchausgaben, sondern mit übersichtlichen Tabellen.

Derweil sieht sich die Phrenologie in Deutschland harter Kritik ausgesetzt. Namentlich ist es Georg Wilhelm Friedrich Hegel, der einzig die Philosophie für befähigt hält, eine Lehre vom Geist aufzustellen. Dieses Projekt stemmt er, indem er den Dreisprung seiner Methode auf die Entwicklung des Geistes anwendet. Auf die Phase des An-sich-Seins des Geistes in naturgegebener Bewusstlosigkeit folgt die Phase des Außer-sich-Seins in der bisherigen Menschheitsgeschichte, in der die Menschen um Anerkennung kämpfen, damit sie zum Bewusstsein ihrer selbst gelangen. Problematisch dabei sei jedoch, dass in allen hierarchischen Gesellschaften das Bedürfnis nach Anerkennung nicht gestillt werden könne, da es Anerkennung nur zwischen Herren und Knechten gäbe. Während der Knecht aufgrund seiner niederen Stellung gar keine Anerkennung genieße, sei andererseits aber auch der Herr mit der vom Knecht gezollten Anerkennung nicht zufrieden, da er nicht von ihm, sondern von seinesgleichen anerkannt werden wolle. Dies sei ausschließlich in einer Gesellschaft der Gleichheit möglich, weswegen nur in der bürgerlichen Gesellschaft die Entwicklung des Geistes zu sich selbst kommen könne, und zwar als geoffenbarte Philosophie, in Form seiner eigenen wohlgemerkt. In diesem ambitionierten Denkgebäude stören Phrenologen nur, weil sie den gerade mit dem Zu-sich-selbst-Kommen beschäftigten Geist in die Niederungen des Materiellen herabziehen und am Äußeren des Kopfes wiederentdecken wollen, obwohl »der Schädelknochen für sich ein so gleichgültiges, unbefangenes Ding (sei), daß an ihm unmittelbar nichts anderes zu sehen und zu meinen ist als nur er selbst«.[96] Die Phrenologen bringen den ansonsten so bedachten Philosophen derart in Rage, dass er schließlich sogar zu körperlicher Gewalt aufruft, dazu, den Knochendeutern den »Schädel einzuschlagen, um ... zu erweisen, dass ein Knochen für den Menschen nichts an sich, viel weniger seine wahre Wirklichkeit ist«.[97]

So angefeindet Galls Lehre und die sich daraus entwickelnde Phrenologie auch war, ihr gebührt zumindest dreierlei Verdienst. Zum Ersten bringt sie die Großhirnrinde als Ort der höheren geistigen Fähigkeiten ins Spiel. Zum Zweiten regt Gall eine Reform des Strafvollzugs an. Aufgrund seiner Theorie kann er eingängig machen, dass der Verbrecher nicht aus purer Böswilligkeit handelt, sondern sich mit einer angeborenen Belastung herumschlägt. Das befreie ihn zwar nicht von der persönlichen Verantwortung für sein Handeln, gebe aber der Gemeinschaft eine Mitverantwortung mit dem Ziel, »den Delikten und Verbrechen vorzubeugen, die Delinquenten zu bessern und die Gesellschaft gegen die Unverbesserlichen zu schützen«.[98] Zum Dritten gibt Gall seinen Nachfolgern schließlich eine Idee davon mit auf den Weg, für welche Vielzahl von Qualitäten eine Lokalisationstheorie Orte finden muss. Dass Gall mit der Kartographierung seiner siebenundzwanzig Hirnorgane lediglich beim Sprachzentrum in etwa richtiglag, tut dem keinen Abbruch.

Wozu ein Frontalhirn nützlich ist

Es wäre hochinteressant, zu erfahren, was Franz Gall zu dem Fall von Phineas Gage (1823–1860) gesagt hätte. Durchaus möglich, dass er die Verletzung des Mannes als Bestätigung seiner Theorie gedeutet hätte. Sicher kann man sich dessen aber nicht sein, denn Gall stirbt 1828 und Phineas Gage wird erst zwanzig Jahre später zum Patienten. Bis dahin ist er ein junger, sportlicher, gut gebauter, freundlicher, fröhlicher, unbeschwerter, zugleich aber sehr verantwortungsbewusster Mann. Letzteres muss er auch sein, denn Gage arbeitet in den USA als Sprengmeister. Ein krisensicherer Job im Jahrhundert der Eisenbahn. Allerdings kein ungefährlicher, denn Alfred Nobels Erfindung des Dynamits lässt noch fast zwanzig Jahre auf sich warten. So hantiert Gage mit Schwarzpulver, das in die zu diesem Zweck gebohrten Löcher gefüllt und mit Sand abgedeckt wird. Danach kommt die gut sechs Kilogramm schwere, drei Zentimeter dicke und etwa einen Meter lange Stopfstange zum Einsatz, mit der man den Sand feststampft, bevor über die Zündschnur die Explosion ausgelöst wird.

Nach diesem Verfahren sprengt Gage im Auftrag der Rutland and Burlington Railroad Felsen für den Bau einer Strecke in Vermont. Es ist der 13. September 1848. Der Arbeitstag geht langsam seinem Ende entgegen, ein paar Löcher hat Gage noch zu stopfen. Ist er für den Bruchteil einer Sekunde abgelenkt? Schweifen seine Gedanken zur Abendbeschäftigung ab? Zu einer Geliebten? Der Fünfundzwanzigjährige beugt sich vornüber, holt mit seiner Stopfstange aus und stößt sie mit gewohnter Wucht hinab in eines der Bohrlöcher, das zwar mit Schwarzpulver, jedoch noch nicht mit Sand befüllt ist. Die Katastrophe nimmt ihren Lauf. Als das Eisen auf Stein stößt, springt ein Funke über und bringt den Sprengstoff zur Explosion. Gage wird die Stange aus der Hand gerissen. Wie eine Rakete steigt sie in die Luft, durchschlägt den Kopf des unglücklichen Sprengmeisters und fliegt danach noch gut zwanzig Meter weit.

Und Gage? Nach den Aussagen seiner Kollegen soll er nicht einmal in die Knie gesunken sein. Er geht zur nahegelegenen Straße, ordert ein Pferdefuhrwerk und lässt sich in die nächste Kleinstadt nach Cavendish fahren. Dort sucht er den Arzt John Martyn Harlow (1819–1907) auf, der später im *Boston Medical and Surgical Journal* von einem »singular, unparalleled case« berichten wird.[99] Tatsächlich kennt dieser Fall keinen Vergleich. Das Stopfeisen hat den linken Kieferknochen auf Höhe der Nasenspitze durchschlagen, hinter dem linken Auge das Gehirn passiert, um in der Nähe der

Scheitelmündung wieder auszutreten. Dort hinterlässt die Eisenstange eine Schädelfraktur von acht Zentimetern Durchmesser. Doch Gage klagt nicht einmal über eine Bewusstseinstrübung. Dem Arzt begegnet er mit den Worten: »Doktor, hier gibt es für Sie reichlich zu tun.«

Harlow versorgt die Wunden am Kopf seines Patienten und schätzt, dass diesem bei dem Unfall etwa eine halbe Teetasse voll Hirnmasse verloren gegangen sei. In den kommenden Tagen führt er zahlreiche Tests mit Gage durch. Dabei stellt sich heraus, dass er keinerlei Einbußen bei den Sinneswahrnehmungen hat, vom Verlust des linken Auges einmal abgesehen. Auch die Koordinationsfähigkeit und die Motorik insgesamt bleiben Gage in vollem Maße erhalten. Sein Gang ist normal, das Gleichgewichtsempfinden unbeeinträchtigt. Als Harlow die höheren Funktionen wie Sprachmächtigkeit und Gedächtnisleistung prüft, stellt er ebenfalls keinerlei Ausfälle fest. Der Intellekt ist dem Sprengmeister erhalten geblieben.

Eine Veränderung der poetischen Ader testet der behandelnde Arzt bei Gage allerdings nicht. Das wäre wahrscheinlich die erste Idee von Franz Gall gewesen, denn die Eisenstange hat recht genau jenen Ort beschädigt, an dem laut Phrenologie der Dichtergeist sitzt. Ein Aufspüren desselben wäre aber ohnehin schwergefallen, da der Sprengmeister auch vor jenem schicksalhaften Septembertag keinen Hang zur Literatur verspürte. So bleibt es bei den Untersuchungen, die Harlow in der Zeit nach dem Unfall durchgeführt hat. Aber der Arzt verfolgt den weiteren Lebensweg von Gage. Die Wunden infizieren sich, die Schmerzen sind enorm. Doch nach einem Vierteljahr ist Gage wiederhergestellt und voll belastbar. Als Sprengmeister möchte er verständlicherweise nicht mehr arbeiten. Muss er auch nicht, denn er wird zu einer Attraktion als Mann, der die massivste Hirnschädigung auf Erden überstanden hat. Das Barnum's American Museum in New York, in dem der Zirkusmagnat und Namensvetter

Phineas Taylor Barnum (1810–1891) ein Panoptikum ungewöhnlicher Menschen und Phänomene zur Schau stellt, wird auf Gage aufmerksam und engagiert ihn. Mit seiner spektakulären Geschichte gelangt er zu einiger Berühmtheit, die ihm noch mehrere Auftritte in anderen Großstädten der USA einbringt. Bildnisse zeigen ihn mit selbstbewusstem Gesichtsausdruck. Das linke Augenlid ist geschlossen. Die Stopfstange, die sein Gehirn durchschlug, hält Gage wie eine Harpune vor dem Körper gekreuzt.

Der Verlust eines Auges wird auf längere Sicht nicht die einzige Unfallfolge bleiben. Irgendetwas stimmt nicht mit Gage. Er wird unstet, überwirft sich mit seinen Arbeitgebern. Für kurze Zeit ist er in einer Pferdevermietung in Hanover, New Hampshire, tätig, dann zieht er weiter nach Chile, wo er sich als Postkutscher in der Hafenstadt Valparaiso verdingt. Der vormals so ausgeglichene, freundliche Mann ist nun leicht reizbar. Auch neigt er zu Vulgaritäten, flucht ungebärdig und katapultiert sich durch sein Verhalten immer mehr ins soziale Abseits. In den achtzehn Jahren, die er noch zu leben hat, verändert sich sein Charakter grundlegend. Er wird rücksichtslos, aufsässig, unbeherrscht, zugleich aber mimosenhaft und wenig entscheidungsfreudig. Für Harlow stellt sich der Wandel der Persönlichkeit seines Langzeitpatienten so dar, als sei die Barriere zwischen menschlichen und animalischen Funktionen durchlässig geworden. Möglicherweise, so vermutet er, wird beim Menschen hinter der Stirn die Balance zwischen tierischer Natur und Zivilisiertheit verhandelt. Das Frontalhirn wäre demnach der Bereich von Rationalität und Triebkontrolle.

Damit ist ein entscheidender Hinweis gegeben, der die Lokalisationsanhänger auf den Plan ruft. Offensichtlich hat das bei Phineas Gage stark beschädigte Frontalhirn etwas mit dem Charakter zu tun. Die Tierversuche des britischen Neurologen David Ferrier (1843–1928) beispielsweise scheinen das zu

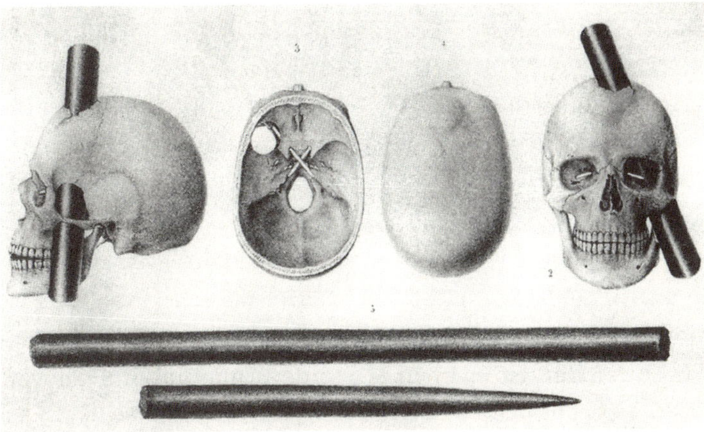

Die etwa sechs Kilogramm schwere Eisenstange durchfuhr das Frontalhirn von Phineas Gage. Seine Vitalfunktionen blieben nahezu unbeeinträchtigt, aber sein Charakter veränderte sich mit der Zeit.

bestätigen. Er entnimmt bei Affen Teile des Großhirns, und auch die Primaten verändern daraufhin ihr Verhalten. Aber sprechen diese Befunde eine eindeutige Sprache? Antilokalisationisten wie der deutsche Physiologe Friedrich Leopold Goltz (1834–1902) sind anderer Ansicht. Unter Bezugnahme auf die Theorie von Flourens besteht er darauf, dass man das Hirn nur als Ganzes betrachten könne und die einzelnen Funktionen allein als Gesamtleistung zu begreifen seien. Goltz weist denn auch an Hunden nach, dass sich funktionelle Störungen nach Verletzung von Hirnteilen im Laufe der Zeit wieder zurückbilden können. Ein schlagendes Argument für die Äquipotentialtheorie. Allerdings kann die Potenz der Hirnmasse nicht grenzenlos sein. Ab einem bestimmten Punkt wären doch, selbst wenn es keine eng eingrenzbaren Zentren gibt, zu wenig graue Zellen da, um die Funktionen zu leisten. Goltz bringt es in der Vivisektion zu erstaunlicher Meisterschaft und entnimmt Hunden das gesamte Großhirn. Erst dann, so seine Diagnose, gehen Aufmerksamkeit und Gedächtnis verloren und die Hunde entwickeln sich zu fressenden Reflexmaschinen.

Ein internationaler Kongress soll 1881 die Entscheidung bringen. Ferrier führt unter anderem einen von ihm operierten Affen vor, der nicht hören kann. Nachdem sich auch die Kollegen von dem sensorischen Defizit überzeugt haben, wird das Versuchstier getötet und obduziert. Tatsächlich hatte Ferrier dem Affen durch einen winzig kleinen Schnitt ins Hirn die Hörfähigkeit nehmen können. Das beweist die Lokalisationstheorie, und selbst Goltz schließt sich »in diesem Punkte … durchaus den Ansichten Flourens an«,[100] jedoch nicht ohne sich eine Hintertür offen zu halten: »Andererseits bleibt es immerhin noch möglich, dass die Großhirnrinde nicht überall gleichwertig ist.« Schließlich kommt ihm sogar das suspekte Schlagwort der Gegenpartei aus der Feder, wenn auch mit entsprechendem Abstand und einem despektierlichen Adjektiv:

»Wenn auch die Zerlegung der Rinde in kleine, umschriebene Centren mit streng gesonderten Funktionen ganz unhaltbar erscheint, so könnte doch dieser oder jener Abschnitt vorzugsweise einer gewissen Funktion dienen, es könnten gewissermaßen *verwaschene* Centren bestehen.«

Heute schreiben Hirnforscher dem bei Phineas Gage zerstörten Frontalhirn eine Art Überwachungsfunktion zu. Hier wird nach gegenwärtigem Stand berechnet, verglichen und analysiert, was im Hirn gerade vor sich geht. Hinsichtlich der Handlungsplanung besteht ein Einspruchsrecht seitens des präfrontalen Cortex. Die sogenannte Frontalhirnhemmung soll dafür sorgen, dass Impulse und Affekte unterdrückt werden können und sich nicht in Handlungen manifestieren müssen. Möglicherweise führen Störungen in der Entwicklung dieser Funktion bei Kindern zu Symptomen wie ADHS. Bei Schädigungen des Frontalhirns durch Verletzungen oder Erkrankungen wie Schlaganfall spricht man übrigens auch vom »Phineas-Gage-Syndrom«.

Sprache – das edelste Vermögen des Gehirns

Während der Materialismus-Verdacht Franz Gall noch aus Wien vertrieben und quer durch Europa verfolgt hatte, erlangt die naturwissenschaftliche Weltsicht zur Mitte des 19. Jahrhunderts immer mehr die Deutungshoheit. Materialismus wird als Bewegungsform des immer weiter erstarkenden rationalen Bewusstseins mehrheitsfähig und stigmatisiert nicht mehr nur Umstürzler und Anarchisten. Karl Marx (1818–1883) bringt die Sache auf den Punkt, wenn er davon spricht, dass nicht das Bewusstsein das Sein, sondern das Sein das Bewusstsein bestimme.[101] Das gesellschaftliche Sein jener Tage aber wird seinerseits von der technischen Revolution bestimmt. Die Maschinen treten den Siegeszug an. Ihre unablässige, der Leibeskraft weit überlegene Produktivkraft bestätigt das Erkenntniskonzept der Naturwissenschaften. In einer solchen Zeit kann Charles Darwin, zwei Jahre nachdem Marx das Verhältnis von Sein und Bewusstsein vom idealistischen Kopf auf die materialistischen Füße gestellt hat, nun sogar mit einer Theorie an die Öffentlichkeit treten, mit der die Sonderstellung des Menschen in Abrede gestellt wird. So wie Nikolaus Kopernikus (1473–1543) die Erde aus dem Mittelpunkt des Universums gerückt hat, verfährt Darwin mit seinen Artgenossen, denen er verkündet: Der Mensch ist auch nur ein Tier.

Lediglich eine einzige Besonderheit bleibt noch übrig, die ihn unbestritten aus dem animalischen Reich heraushebt: seine Sprachfähigkeit. Bereits Aristoteles wies auf dieses Alleinstellungsmerkmal hin, als er den Menschen als »sprechendes Tier« bezeichnete. Galls Versuche, der Sprache in seiner Kopftopologie einen streng umgrenzten Platz zuzuweisen, scheiterten – teils an der mangelnden Beweiskraft seiner Theorie, teils an der restaurativen Politik im Europa nach der Französischen Revolution, teils am Konservatismus der Wissenschaftslandschaft selbst. Doch 1861 ist die Zeit reif, um auch die letzte Bastion menschlicher Einzigartigkeit für den Materialismus zu erobern.

Der französische Chirurg und Anatom Paul Broca (1824 bis 1880) verzeichnet am 11. April 1861 einen Neuzugang auf seiner Station im Krankenhaus Bicêtre im Pariser Süden. Monsieur Leborgne hat ein schweres Los gezogen, das ihn bereits seit einundzwanzig Jahren zu einem Leben im Hospiz verdammt. Von Jugend an Epileptiker, bekommt er mit dreißig massive Sprachstörungen. Schließlich kann er nur noch die Silbe »Tan« aussprechen. Um die vierzig gehorcht ihm zunächst sein rechter Arm nicht mehr, dann das rechte Bein. Eine halbseitige Lähmung fesselt den Einundfünfzigjährigen seit sieben Jahren ans Bett. Akut ist noch eine bakterielle Infektion des tauben Beines hinzugekommen.

Broca untersucht »Monsieur Tan«, wie er wegen seines Sprachdefektes auch genannt wird. Verstehen kann der Patient. Wenn Broca ihm Zahlen nennt, streckt Tan die entsprechende Zahl der Finger seiner rechten Hand hoch. Auch den Verlauf seiner Lähmung kann er schildern, indem er zuerst auf die Zunge, dann auf den rechten Arm und das rechte Bein zeigt. Broca untersucht die Zunge genauer, doch sie arbeitet, ebenso wie die Gesichtsmuskeln, völlig normal. Tan hat sich also auf intelligente Weise zu helfen gewusst, offensichtlich meint er nicht die Lähmung der Zunge, mit der seine Krankheit begann, sondern den Ausfall der Sprache. (Im lateinischen *lingua* fallen diese beiden eng miteinander zusammenhängenden Dinge noch in eins.)

Nur eine knappe Woche später stirbt Monsieur Tan. Broca kann zwar nichts für seinen geplagten Patienten tun, wohl aber für die Hirnforschung. Er obduziert die Leiche, entnimmt das Gehirn und schaut es sich als Anatom an. Die Anomalitäten im vorderen Hirnlappen fallen ihm sofort ins Auge, und er berichtet bereits am Folgetag vor der von ihm drei Jahre zuvor ins Leben gerufenen Pariser Gesellschaft für Anthropologie darüber: »Die edelsten Vermögen des Gehirns, jene, die das richtige Verstehen von Sprache konstituieren, das Urteilen, Reflektieren, das Vermögen des Vergleichens und Abstrahierens haben ihren Sitz in den frontalen Hirnwindungen.«[102]

Das konservierte Gehirn des Monsieur Tan führt er mit sich, um seinem begierig lauschenden Publikum die Entdeckung zeigen zu können. Die gut sichtbare Beschädigung der zweiten und dritten Windung im linken Stirnlappen macht er für den Ausfall der Sprache verantwortlich. Zwar gibt es auch in anderen Bereichen Defekte, doch hier sind sie am weitesten fortgeschritten. Überhaupt ist das Gehirn von Monsieur Tan erheblich geschrumpft, es wiegt lediglich 987 Gramm und ist damit fast ein halbes Kilo zu leicht für einen Mann seines Alters.

Ein einzelner Fall kann die Vermutung Brocas allerdings noch nicht zur Gewissheit werden lassen. Doch der ehrgeizige Mediziner arbeitet genau an der richtigen Stelle, denn das Hospital Bicêtre dient seit Mitte des 17. Jahrhunderts als Aufbewahrungsstätte für geistig gestörte Personen (wobei bis 1836, als der Gefängnisteil geschlossen wurde, kein Unterschied zwischen Geisteskranken und Verbrechern gemacht wurde; Homosexuelle fielen dabei sowohl unter die Kategorie der Geisteskranken wie auch unter die der Verbrecher).[103] In diesem Krankenhaus wird Broca 1861 ein Patient mit gebrochenem Oberschenkelhals vorgestellt. Der Vierundachtzigjährige leidet neben der Fraktur an Ausfallerscheinungen nach einem etwa anderthalb Jahre zurückliegenden Schlaganfall. Seither kann Monsieur Lélong nur noch fünf Worte sagen, versteht jedoch den Sinn aller Fragen, die Broca ihm stellt. Als er sich danach erkundigt, ob der Patient wisse, wie man schreibt, bejaht er. Die Frage, ob er es denn noch könne, verneint er hingegen. Die Zahl seiner Kinder gibt er mit »drei« an, hält jedoch zugleich vier Finger in die Höhe. Wie viele Mädchen unter seinen Kindern wären, fragt Broca, und bekommt wiederum »drei« zur Antwort. Zugleich zeigt der Patient zwei Finger. Schließlich erkundigt sich der Arzt noch nach dem Beruf des Monsieur Lélong, der daraufhin einen imaginären Spatenstil ergreift und schaufelnde Bewegungen macht, um auszudrücken, dass er als Gräber gearbeitet hat.

Das ist ein Krankheitsbild genau nach dem Geschmack von Broca. Lélong ist nicht die Sprache abhandengekommen, sondern nur die Fähigkeit, die Wörter auszusprechen. Die Abweichung zwischen Sprechen und Zeigen bei den Fragen nach den Kindern ist dafür besonders beredt, macht sie doch deutlich, dass er genau weiß, was er zu sagen hätte, allerdings das entsprechende Wort nicht mehr bilden kann. Zwei Wochen später stirbt Lélong an den Folgen des Oberschenkelhalsbruchs. Broca seziert sofort sein Gehirn. Die Schädigung ist geringer als bei Monsieur Tan und umfasst einen gut abgrenzbaren Bereich. In der dritten vorderen Hirnwindung der linken Hemisphäre lokalisiert Broca daraufhin den motorischen Teil des Sprachzentrums, denn beide Patienten litten an mangelnder Artikulationsfähigkeit. Das Sprachverstehen hingegen musste an einem anderen Ort sitzen, der wesentlich schwerer zu identifizieren sein würde, da Patienten mit Schädigungen in diesem Bereich gar nicht mehr aufnehmen könnten, was man sagte. Broca gab dem Syndrom den Namen Aphemie, definiert als »Störung der Sprache bei erhaltener Funktion der zum Sprechen benötigten Muskulatur«.[104]

Die unbestechliche Ironie der Geschichte der Hirnforschung hat in diesem Zusammenhang noch eine Pointe parat. Der Begriff »Aphemie« für den umschriebenen Symptombereich konnte sich nämlich nicht durchsetzen gegen die Bezeichnung »Aphasie«. Letztere stammt von dem französischen Internisten Armand Trousseau (1801–1867), der sich seinerseits wiederum auf einer anderen Ebene nicht gegen Broca behaupten konnte. Trousseau dokumentierte in seiner Praxis hundertfünfunddreißig Krankheitsfälle, bei denen trotz des Verlustes der Sprachmächtigkeit keine Läsion im Vorderlappen zu finden war.

Angesichts des Verhältnisses von zwei zu hundertfünfunddreißig hätte sich eigentlich jede weitere Diskussion über die Korrektheit der von Broca vorgenommenen Lokalisierung erübrigen müssen, zumal in der wissenschaftlichen Fachwelt die Debatte um das Wirkprinzip der Großhirnrinde anhielt. Die Phrenologie hatte in der ersten Hälfte des 19. Jahrhunderts mit ihren fragwürdigen Methoden die Lokalisationstheorie diskreditiert, und so konnte die von Flourens und Goltz vertretene Idee der nicht in einzelne Zentren differenzierten Großhirnrinde Fuß fassen. Auch wenn Ferrier bereits mächtig an ihrem Ast gesägt hatte, fand diese sogenannte Äquipotentialtheorie noch immer ihre Anhänger. Trotzdem setzte sich Broca mit seiner dürftigen Datenbasis durch und eröffnete der Hirnforschung das rasch boomende Feld der Lokalisation.

Dieser bemerkenswerte Umstand beleuchtet den oft verschlungenen Pfad, den die Wissenschaft nicht selten unter Missachtung ihrer eigenen Grundsätze der Logik und Konsistenz geht. Sicherlich spielt auch das Renommee Brocas eine Rolle. Er ist hochdotierter Professor für Pathologie und klinische Chirurgie mit über hundert Veröffentlichungen auf dem Gebiet der Hirnforschung, Begründer und Präsident der einflussreichen Anthropologischen Gesellschaft sowie Senator auf Lebenszeit.[105] Doch der eigentliche Grund liegt in der endgültigen Durchsetzung der materialistischen Perspektive. In der zweiten Hälfte des 19. Jahrhunderts läuft das Projekt der Vermessung der Welt richtig an. Alles bekommt seinen Ort, wie es das Leitmedium Buch mit der ihm zugrundeliegenden Typographie seit Gutenberg vormacht. Das gilt für die Erkundung der Kolonien ebenso wie für die Menschenrassen allgemein, die Tierarten, die technischen Erfindungen und die soziale Organisation am Arbeitsplatz. Die wissenschaftliche Exaktheitsforderung, die vom Multiplikator des Emil du Bois-Reymond in der Elektrophysiologie ausgeht, findet ihr Pendant in der präzisen Verortung des intellektuellen Vermögens in der Großhirnrinde. Zu verlockend, ja zu bestechend scheint vor dem Hintergrund eines solchen Zeitgeistes die Lokalisierung des motorischen Sprachzentrums in einer einzigen Hirnwindung, als dass die Wissenschaftlergemeinde nicht daran hätte festhalten wollen. Da wiegen zwei Fälle, die dafürsprechen, wesentlich schwerer als hundertfünfunddreißig Fälle dagegen.

Wiederum drängt eine technische Neuerung die Hirnforschung zur Metapher. Alexander von Humboldt begründet in der ersten Hälfte des 19. Jahrhunderts die wissenschaftliche Geographie, der mit der Lithographie eine neue Methode zur

Herstellung und Vervielfältigung von Landkarten zur Verfügung steht. Die Vermessung anderer Länder wird akribisch verzeichnet, alles bekommt seinen Ort. Da ist es nur zu verständlich, dass auch für die Hirnforschung ihr Gegenstand zur Karte wird.

Die Großhirnhälften als Ersatzteillager

Auf ähnlich magerer Datenbasis wie Broca kommt der Breslauer Neurologe Carl Wernicke (1848–1905) zu seinen Erkenntnissen. Angezogen von den Phänomenen geistiger Erkrankungen studiert er, ebenso wie Sigmund Freud (1856–1939), bei dem Leiter der Pathologie der Wiener Landesirrenanstalt Theodor Meynert (1833–1892). Während seiner Zeit als junger Assistenzarzt in Breslau bekommt er es am 7. Oktober 1873 mit einer Patientin zu tun, die in körperlich und seelisch desolatem Zustand eingeliefert wird. »Im Bett lag sie meist jammernd, tief in die Decken eingewickelt; Stuhl und Urin ließ sie ins Bett gehen.«[106] Zuerst mutmaßt die betreuende Schwester, dass die fünfundsiebzigjährige Susanne Rother taub sei, da sie nicht versteht, was man zu ihr sagt. Ihr Wortschatz hingegen scheint normal, soweit Wernicke das einschätzen kann, da sie ihrem Krankheitsbild entsprechend nur wenig spricht. Wenn, dann verwechselt sie Wörter und Wendungen. Mal sagt sie richtig: »Ich danke recht herzlich«, dann wieder: »Ich danke recht geblich«, zu Wernicke sagt sie: »Sie sind sehr ein guter Herr«, und bald darauf: »mein Töchtel, oder mein Söhnel, beides in demselben Sinne.«[107] Nachdem er die Frau ein paar Tage beobachtet und ihr ausgiebig zugehört hat, findet Wernicke die Lösung. Sie ist nicht taub, sondern leidet an einem Syndrom, das man gleichsam als Gegenstück der von Broca beschriebenen Schädigung bezeichnen kann. Anders als Monsieur Tan verfügt sie über die Worte der Sprache, kann ihnen jedoch weder Sinn noch Bedeutung zuordnen. Bei der Sektion der zwei Monate nach ihrer Einlieferung verstorbenen Patientin stellt sich dann auch heraus, dass die zweite und dritte Windung im frontalen Stirnlappen der Großhirnrinde, die Broca zum motorischen Sprachzentrum auserkoren hat, intakt ist. »Die ganze erste Schläfewindung« hingegen hat sich »in einen weißgelben Brei verwandelt«.[108] An genau dieser Stelle sieht Wernicke das sensorische Sprachzentrum beheimatet, das mit dem motorischen über Nervenfasern verbunden ist und so mit ihm während des Sprechprozesses kommunizieren kann.

Durch die Einführung bildgebender Verfahren ist die gegenwärtige Hirnforschung nicht mehr auf die Untersuchung von krankhaften Veränderungen beschränkt, sondern kann dem gesunden Gehirn bei der Sprachverarbeitung zusehen. Das nach ihren jeweiligen Entdeckern benannte Broca-Areal und das Wernicke-Zentrum behaupten sich noch immer als wichtige Orte für das Verständnis und die Ausführung des Sprechens. Gleichwohl sind noch andere Bereiche hinzugekommen, die über weite Teile des Cortex verteilt sind. Darüber hinaus befassen sich wohl auch Areale, die unterhalb der Großhirnrinde liegen, mit der Sprachverarbeitung.

Nicht alle Fälle, bei denen Wernicke sensorische Aphasie diagnostiziert, kommen letztlich auch zur Obduktion. Bei manchen bessern sich die Symptome oder verschwinden sogar ganz. Was sich im Falle der Heilung im Einzelnen unter der Schädeldecke vollzieht, kann der Breslauer Arzt nur vermuten. Möglicherweise hat sich die Beschädigung des Hirnbereichs zurückgebildet. Doch angesichts der Ergebnisse, die er bei den Sektionen anderer Patienten gefunden hat, ist das sehr unwahrscheinlich. Wenn man sich die geradezu ideale Symmetrie der Großhirnrinde anschaut, liegt eine andere Interpretation ohnehin näher: Sowohl das motorische als auch das sensorische Sprachzentrum wurden in der linken Hemisphäre gefunden. Da die rechte Seite bis in die einzelnen Windungen hinein identisch ist, könnte sie doch jene Aufgaben übernommen haben, für die auf der linken Seite durch die Zerstörung einzelner Windungen die materiellen Voraussetzungen fehlten. So gesehen könnten die beiden Hälften der Großhirnrinde einander wechselseitige Ersatzteillager sein.

Auch Broca kommt ins Grübeln, als er bei der Obduktion einer Patientin überhaupt kein motorisches Sprachareal findet, obwohl sie zu Lebzeiten keineswegs unter einer Sprachstörung litt. Broca vermutet, dass sich das Areal während der Hirnentwicklung der Frau nicht herausbilden konnte, weil die entsprechende Arterie fehlte, die jenen Bereich üblicherweise versorgt. Warum aber konnte die Frau trotzdem sprechen? Broca entdeckt die auf der linken Seite vermisste Hirnwindung rechts. Daraus schlussfolgert er, dass die linke Hirnhälfte für die Sprache zuständig ist, unter bestimmten Umständen jedoch auch die gleichgestaltigen Bereiche in der rechten Hemisphäre diese Funktion übernehmen können. Als äußeres Zeichen für die Dominanz der rechten Gehirnhälfte sieht Broca in diesem Fall die Linkshändigkeit der Frau.

Wernicke geht ebenfalls in diese Richtung, wenn auch auf einem etwas anderen Weg. Während die Störungen in dem von Broca gefundenen Sprachareal im Stirnbereich zumeist von dramatischen Allgemeinschädigungen begleitet werden, hat der Ausfall des sensorischen Sprachzentrums vergleichsweise geringe Nebeneffekte. Deshalb ist es für die andere Hirnhälfte einfacher, einen Defekt in dieser Region auszugleichen. Diese für den Betroffenen erfreuliche Fähigkeit des Gehirns macht die Untersuchung des gesamten Symptomkomplexes der Aphasie jedoch nicht einfacher, denn diese »kann weit früheren Datums sein und damals die Symptome der sensorischen Aphasie geboten haben; in der Zwischenzeit kann die andere Hemisphäre die Function des linken Schläfenlappens übernommen haben«.[109]

Es mehren sich also die Anzeichen für eine funktionelle Aufteilung der Großhirnhälften. Zur endgültigen Anerkennung fehlt allerdings, neben der Äquipotentialtheorie von Flourens, ein gewagter Schritt, den man hätte gehen müssen. Mit zwei jeweils verschieden differenzierten Hemisphären, in denen die höheren geistigen Fähigkeiten sitzen, würde man sich nämlich das Problem der Doppelseele einhandeln. Aus diesem Grund hatte Descartes ein Vierteljahrtausend zuvor nach einem Ort im Gehirn gesucht, der sich nicht durch Verdopplung bereits selbst für die Beherbergung der nach kirchlichem Dogma unteilbaren Seele disqualifizierte. Bei Licht besehen scheint die Zurückhaltung der Naturforscher erstaunlich, weil die christliche Kirche selbst keine Probleme mit der Teilung des eigentlich unteilbaren Gottes hat und ihn den treuen Dienern als Dreieinigkeit präsentiert. Vater, Sohn und Heiliger Geist bilden zusammen, aber auch einzeln und wesensgleich die Gottheit. Zwar brauchten die eifrigen Theologen dreihundertfünfzig Jahre, um dieses formallogische Meisterstück der Einheit des in sich differenzierten Gleichen hinzubekommen (die Trinitätslehre wurde zwischen dem Ersten Konzil von Nicäa im Jahr 325 und der Synode von Toledo 675 entwickelt), doch danach ging es Priestern wie Gläubigen leicht von den Lippen.

Den Naturwissenschaftlern lagen bereits fünfzig Jahre lang Beweise für die Verschiedenartigkeit der rechten und linken Hirnhälfte vor, aber auf eine schwer ergründbare Weise wehrte man sich dagegen. Der französische Nervenarzt Marc Dax (1771–1837) hatte noch ein Jahr vor seinem Tod auf dem Congrès Méridional de Montpellier seinen Kollegen Fälle von linksseitigen Hirnverletzungen vorgestellt, bei denen die Patienten Teile ihrer Sprachfähigkeit verloren hatten, obwohl der rechte Teil der Großhirnrinde unverletzt war. Die Präsentation der von Dax gut belegten Fälle blieb jedoch folgenlos, und der Franzose wäre im gnadenlosen Dunkel der Geschichtsvergessenheit verschwunden, wäre nicht sein Sohn Gustav (1815–1893) in seine Fußstapfen getreten. Er veröffentlicht die Arbeiten seines Vaters zu diesem Thema und verstärkt dessen Theorie von der Beheimatung der Sprache in der linken Hemisphäre durch eigene Arbeiten. Nachdem auch Broca und Wernicke ihre Sprachareale überwiegend auf der linken Gehirnseite gefunden hatten, setzt sich in der Gemeinde der Hirnforscher »die linke Hirnhälfte als die intelligente, wohlerzogene, eigentlich menschliche Seite durch, während die rechte als unzivilisierte, emotionale, dunkle Seite angesehen wird«.[110]

Aber was ist dann mit den Linkshändern? Wenn sich Broca nicht geirrt hat, sollte bei ihnen eher die rechte Hemisphäre dominant sein. Müssten jene Menschen, die mit der linken Hand schreiben und sich nicht weniger geschickt als Rechtshänder anstellen, nicht eher durchtrieben und roh sein? Kann man in den meisten Fällen nicht sogar das Gegenteil beobachten, nämlich dass sie zumeist überdurchschnittlich intelligent und zivilisiert sind?

Das Prinzip der Hirnforschung setzt sich auch hier fort: Wann immer eine Frage beantwortet ist, tauchen viele neue auf. So wird man nie ans Ende kommen, niemals das Gehirn vollständig verstehen. Dabei kann man am Ende des 19. Jahrhunderts entscheidende Fortschritte bei der naturwissenschaftlichen Erforschung des Gehirns verzeichnen. Die Ventrikel sind endgültig als Sitz der geistigen Funktionen entthront. Ihre Stelle nimmt die Großhirnrinde ein. Die beiden Sprachzentren sind bereits identifiziert. Andere werden folgen. Doch selbst wenn man jeder Art menschlichen Vermögens einen Ort auf der Großhirnrinde – oder darunter – zuweisen kann, weiß man so gut wie nichts darüber, wie das Gehirn diese Fähigkeiten hervorbringt. Denn man hat vom Ausfall einer Funktion auf deren anatomische Grundlage geschlossen. Damit kann man zwar sagen, *wo* diese Funktion im

Normalfall ausgeführt wird, aber das *Wie* ist damit noch nicht einmal im Ansatz erklärt.

Auch den *spiritus animalis* konnten die Hirnforscher des 19. Jahrhunderts entzaubern. An die Stelle dieser ominösen Substanz trat der elektrische Strom, der nun die Nervenbahnen entlangfließt. Über dessen Wirkprinzip weiß man jedoch nur wenig. Wie pflanzt sich elektrischer Strom in einem Organismus fort? Hier gibt es schließlich kein »riesenhaftes Spinngewebe ihrer Kupferdrähte«[111] wie im Telegraphenamt. Es gibt also einiges zu klären im anstehenden Jahrhundert der Technik. Viele Antworten wird es geben – und noch viel mehr neue Fragen.

MODERNE

Der Geist im Chemiebaukasten – oder doch im Computer?

Kabelbruch im Nervensystem

Das Timing hätte besser kaum sein können. Im ersten Jahr des neuen Jahrhunderts nimmt die Alfred-Nobel-Stiftung ihre Arbeit auf. Testamentarisch verfügter Zweck dieser Einrichtung ist es, Wissenschaftler zu küren, die der Menschheit einen besonderen Nutzen erwiesen haben. Der begnadete Erfinder, dem aus seinen dreihundertfünfundfünfzig Patenten ein immenser Reichtum erwuchs, entschloss sich zu diesem Schritt, weil er der Ansicht war, »dass große ererbte Vermögen ein Unglück sind, die das Menschengeschlecht nur in Apathie führen«.[112] Dieses Schicksal wollte er seinen Verwandten und Freunden ersparen und stiftete die Zinsen seines Kapitals deshalb den verdienstvollsten Chemikern, Physikern, Physiologen, Medizinern, Literaten und jenen, die sich um den Frieden verdient gemacht haben. Die Mathematiker bedachte er dabei nicht. Wahrscheinlich als kleine Rache dafür, dass der schwedische Mathematiker Magnus Gästa Mittag-Leffler (1846–1927) dem ehelos gebliebenen Nobel die Geliebte weggeschnappt hat.

Seit 1901 wird der Nobelpreis vergeben, und bereits die sechste Ehrung geht an die Hirnforschung. Mit Camillo Golgi (1843/44–1926) und Santiago Ramón y Cajal (1852–1934) müssen sich erstmals in der Kategorie »Physiologie oder Medizin« zwei Wissenschaftler den Preis teilen, die zudem noch Konkurrenten, auf wissenschaftlichem Gebiet sogar Feinde sind. Was die beiden trennt, sind sich jeweils widersprechende Konzeptionen von der Feinstruktur der Nervenzellen. Bei der Preisverleihung im Stockholmer Konzerthaus am Geburtstag Alfred Nobels treffen sie sich zum ersten Mal persönlich – und gebärden sich kampfeslustig. Cajal beklagt sich über die Entscheidung der Königlich Schwedischen Akademie: »Welch grausame Ironie des Schicksals, wissenschaftliche Gegner mit solch gegensätzlicher Wesensart wie an den Schultern verwachsene Siamesische Zwillinge zusammenzubringen.«[113] Auch Golgi kann der Teilung des Preises nur wenig abgewinnen, wie Cajal beansprucht er ihn ebenfalls für sich allein. In seinem Festvortrag teilt er dann auch dementsprechend heftig aus und höhnt über die Theorie von Cajal, dass diese gerade jetzt »allgemein in Ungnade fällt«. Cajal ist froh, als die beiden Wissenschaftler wieder getrennter Wege gehen können. Golgi sei »einer der am meisten eingebildeten und sich selbst beweihräuchernden begabten Männer«, den er je gekannt habe.

Mit dem Diktum »Omnis cellula e cellula« gibt der Arzt und Anatom Rudolf Virchow (1821–1902) der gesamten Zellkunde die entscheidende Richtung.[114] 1858 verabschiedet er durch sein Dogma alle Modelle, die das Entstehen lebendiger Zellen, analog zu den Kristallen, aus Flüssigkeiten heraus erklären wollen. Von nun an gilt: Jede Zelle wächst aus einer Zelle. Logischerweise ergibt sich dabei ein Problem, das auch unendlicher Regress genannt wird. Wenn jede Zelle aus einer Zelle entsteht, kann man Generation um Generation zurückgehen, ohne dabei jemals zum Anfang zu gelangen. Woher also kommt die erste Zelle, aus der dann alle weiteren durch Teilung entstehen? Gott als Stifter wurde gerade von Charles Darwin ausgeschaltet. Gab es also immer schon lebendige Zellen?

Dieses philosophische Problem bekümmert die Biologen nicht. Sie können beobachten, wie neue Zellen entstehen, indem sich ältere teilen. Dieses Grundprinzip herrscht offensichtlich im gesamten Körper, von der befruchteten Eizelle bis zum Tod. Alle Gewebe werden auf diese Weise gebildet, und Virchow kann zeigen, dass selbst pathologische Veränderungen auf Zellteilung zurückgehen. Auch das Nervengewebe besteht somit aus einzelnen Zellen.

Die Besonderheiten dieser Ganglienzellen fallen Otto Deiters (1834–1863) auf, einem im Alter von nur neunundzwanzig Jahren verstorbenen Schüler Virchows. Mit verdünnter Chromsäure löst er Nervenzellen aus dem Rückenmark eines Rinds und färbt sie mit Karmin an. Auf diese Weise entdeckt er, wie zwei unterschiedliche Arten kleinster Auswüchse aus dem Zellkörper entspringen. Die zahlenmäßig vielen, fein verästelten nennt er protoplasmische Fortsätze. Dann gibt es da noch einen einzelnen, unverzweigten Fortsatz, den er zum Hauptachsenzylinder erklärt.

Der Anatom Joseph von Gerlach (1820–1896) will darüber hinaus gesehen haben, wie die verästelten Fortsätze der Nervenzellen in ein feines Geflecht münden, das er Faserfilz nennt. Dieser Filz nun soll eine Art Eigenleben führen und aus Nervenfasern gebildet sein, die ihrerseits zu gar keinem Zellkörper gehören. Gerlach vermutet, dass die externen, gewebebildenden Nervenfasern, analog zur Zelldoktrin von Virchow, aus bereits vorhandenen Nervenfasern entstehen.

An dieser Stelle verschwimmen Beobachtung und Wunschdenken aufgrund der methodischen Grenzen. Zum einen sind die Präparationsmethoden unbefriedigend. Durch Trocknung schrumpfen die Objekte teilweise um bis zu vierzig Prozent. Andere in Wasser, Alkohol oder Blutserum konservierte Präparate nehmen an Volumen zu oder verändern ihre Struktur durch die Bearbeitung. So kann sich das gleiche Objekt in ganz unterschiedlicher Weise darstellen. Eine Vergleichbarkeit der Resultate ist damit so gut wie ausgeschlossen. Es fehlen Standards, denen sich alle Forscher verpflichtet fühlen. Jeder hantiert, so gut er kann. Ein weiteres Problem bringt die Mikroskopie mit sich. Eine Zelle als Gesamtkörper sieht man gut durch das Okular und kann sie mit Zeichnungen dokumentieren. Doch bei den Fortsätzen der Ganglienkörper, die im Durchschnitt etwa einen Mikrometer messen, bewegt man sich langsam auf die Auflösungsgrenze zu. Ihre Verästelungen und die Strukturmerkmale des Faserfilzes schließlich liegen auf oder bereits jenseits dieser Grenze. Außerdem muss man die Präparate anfärben, um die Strukturen erkennen zu können, wobei meist unklar bleibt, woran genau sich der Farbstoff jeweils geheftet hat.

Eine neue Technik bringt etwas mehr Klarheit. Der italienische Arzt Camillo Golgi ist mit seiner Arbeit in einem kleinen Hospiz in der Lombardei offensichtlich nicht ganz ausgelastet. Jedenfalls untersucht er in der heimischen Küche Nervenzellen. Die eigenwilligen Rhythmen von Lohn- und Forscherarbeit sollen der Hirnforschung eine neue Färbemethode bescheren. Golgi lässt nämlich einige Präparate tagelang in einer Kaliumbichromatlösung liegen. Dann taucht er sie in Silbernitrat und traut seinen Augen kaum. Ihm ist eine Imprägnierung der Nervenzellen gelungen, die unglaublich plastische Resultate zeitigt: »Auf gelbem, vollkommen durchsichtigem Grund erscheinen dünn gesäte, schwarze Fasern, glatt und klein oder stachelig und dick ... wie Tuschezeichnungen auf durchsichtigem Japanpapier. Hier ist alles einfach, klar und ohne Verwirrung.«[115] Dieser euphorischen Beschreibung des Resultats der *reazione negra*, der »schwarzen Reaktion«, ist durchaus zu trauen, stammt sie doch vom Intimfeind Ramón y Cajal. Die Schwarzfärbung reicht bis in die Fortsätze und die einzelnen Gewebefasern, die nun aufgrund des scharfen Kontrastes unter dem Mikroskop besser zu erkennen sind. Die Golgi-Färbung wird rasch zum Standard in der Physiologie der Nervenzellen. Golgi kann mit seiner Methode Gerlachs eher auf Intuition denn auf Faktenlage basierende Theorie bestätigen, als er dünne Schnitte des Nervengewebes färbt. Es zeigt sich, dass sich die von Deiters gefundenen Fortsätze der Nervenzellen miteinander verbinden und zu einem Netz verflechten, einem sogenannten Retikulum. Daher nennt man die Anhänger dieses Erklärungsmodells auch Retikularisten.

Die gegnerische Partei widerspricht dem vehement und unterstellt, dass Golgi seinen kühnen Interpretationen Artefakte zugrunde legt, die nichts mit der Realität zu tun haben.

Sie halten das von Golgi angenommene Retikulum für ein Scheinnetz, innerhalb dessen ein heilloses Durcheinander herrscht. Hoch unwahrscheinlich sei es, anzunehmen, dass sich in diesem Wirrwarr feinster Fortsätze und Verzweigungen ausgerechnet die Endigungen der ansonsten nicht verbundenen Nervenzellen treffen sollten. Protagonist dieser Position ist besagter Ramón y Cajal, der mit Golgis Färbemethode zu ganz anderen Ergebnissen kommt als der Italiener. Die Nervenzellen arbeiten seiner Meinung nach autonom und verrichten ohne physische Verbindungen untereinander ihr Werk. Dementsprechend werden die Vertreter dieser Theorie Neuronisten genannt.

Diese Titulierung wird jedoch erst möglich, nachdem der Berliner Anatom Wilhelm von Waldeyer (1836–1921) die auf die Erzeugung und Weiterleitung von Erregungen spezialisierte Zelle auf den griffigen Namen »Neuron« tauft. Der vielseitig interessierte, jedoch selbst nicht auf dem Gebiet der Hirnforschung arbeitende Wissenschaftler hat ein Gespür für Begriffe, von ihm stammt auch die Wortschöpfung »Chromosom«. Für das epochemachende Wort »Neuron« bedient sich Waldeyer der griechischen Entsprechung von »Nerv« und verwendet es erstmals in einem Beitrag für die *Deutsche Medizinische Wochenschrift*, in dem er sich zugleich auf die Seite der Neuronisten schlägt: »Das Nervensystem besteht aus zahlreichen untereinander anatomisch wie genetisch nicht zusammenhängenden Nerveneinheiten (Neuronen).«[116] Außerdem verwendet Waldeyer noch die von dem Schweizer Anatomen Wilhelm His (1831–1904) eingeführte Bezeichnung »Dendrit« für den sperrigen Begriff »protoplasmischer Fortsatz«. Als der Anatom Albert von Kölliker (1817–1905) auch den zweiten von Deiters gefundenen Fortsatz des Neurons, den Hauptachsenzylinder, auf *Axon*, das griechische Wort für »Achse«, verkürzt, sind die Grundbegriffe für die Theorie von Gehirn und Nerven auf zellulärer Basis gefunden.

August Forel (1848–1931), Direktor der weltbekannten psychiatrischen Klinik Burghölzli in Zürich, unternimmt einen Versuch, der den Streit zwischen Retikularisten und Neuronisten noch im 19. Jahrhundert hätte entscheiden können. Er kappt bei einem Meerschweinchen den Gesichtsnerv und untersucht dann den zugehörigen Bereich im Gehirn. Dort findet er Zellen, die im Absterben begriffen sind. Seine Schlussfolgerung: Die Nervenfasern, die er durchtrennt hat, müssen direkt zu jenen Gehirnzellen gehören, die gerade das Zeitliche segnen. »Dann hat das ganze Element, die ganze Nervenzelle ihre Function eingebüsst, und sie geht allmählich zugrunde, wie der Muskel selbst, wenn auch nur sehr langsam.«[117] Dieses Ergebnis liefert ein starkes Argument gegen die Existenz eines unabhängigen Faserfilzes, auf den die Retikularisten ihre Theorie stützen.

Doch die Retikularisten geben nicht auf. Forels Versuch wird angezweifelt und seine Beweiskraft infrage gestellt. Ohnehin wird er von ihnen nicht als Richter akzeptiert, weil er sich immer mehr der Partei der Neuronisten zugehörig fühlt. Forel führt mit der Golgi-Methode weitere Untersuchungen durch und konzentriert sich bei den Färbungen besonders auf die Fortsätze der Nervenzellen. Anders als Golgi kann er allerdings keine Verbindungen zu anderen Strukturen entdecken und spricht daher von freien Endigungen.

Mit dieser auch von Ramón y Cajal, Waldeyer und anderen Neuronisten unterstützten Konzeption liefern die Retikularisten also ein Argument gegen ihre eigene Theorie. Denn seit du Bois-Reymond die Annahme eines *spiritus animalis* überflüssig gemacht hat, wissen die Hirnforscher, dass die Erregungsleitung auf elektrischem Wege stattfindet. Die Retikularisten verstehen die Nervenfasern als elektrische Kabel und den Faserfilz als eine gewaltige Kabeltrasse. Allein schon, um die Durchleitung der Signale zu ermöglichen, müssen die Fasern untereinander und ebenso mit den Neuronen verbunden sein.

Wie sonst, so fragen sie die Neuronisten, soll die Signalübertragung im Nervensystem geregelt sein? Dass die elektrischen Leitungen an keiner Stelle unterbrochen sein dürfen, damit sie ihrer Funktion nachkommen können, wusste bereits du Bois-Reymond nur zu gut, als er aus kilometerlangem Draht seine Spulen wickelte und dabei immer in Furcht vor einem Kabelbruch lebte, der die Arbeit von Monaten zunichtemachen würde. Wie also kann dann das Nervensystem mit einer Unzahl von Kabelbrüchen seine hochkomplexen Leistungen erbringen?

Bei dieser Frage müssten die Neuronisten eigentlich passen, aber sie tun es nicht. Der englische Physiologe Sir Charles Scott Sherrington (1857–1952) gibt ihnen 1897 einen Begriff an die Hand, der die Kontaktproblematik zwischen Nervenzellen zu lösen verspricht. In Michael Fosters *Text Book of Physiology* fällt das Zauberwort: »Such a special connection of one nerve cell with another might be called synapsis.«[118] Für diese Wortschöpfung bedient sich auch Sherrington des Griechischen, *syn* transportiert die Bedeutung »zusammen«, und *haptein* steht für »greifen, fassen, tasten«. Der Begriff liefert erst einmal nicht mehr als eine Beschreibung des Vorgangs, wie ihn sich die Neuronisten vorstellen. Die Nervenzellen sind hinsichtlich ihrer Gestalt abgeschlossen und verbinden sich weder mit anderen Neuronen noch mit Faserstrukturen. Trotzdem treten sie in Kontakt. Auf die hartnäckig gestellte Frage, wie sie das tun, können die Neuronisten nun mit ihrem neuen Zauberwort antworten: Über die *Synapse*! Fragt man weiter, was denn diese Synapse für ein Wunderding sei, müssen die Neuronisten zugestehen, dass es sich hierbei lediglich um ein Konzept, jedoch nicht um eine Realität handelt, die sie aus Beobachtungen gewinnen konnten. Gleichwohl wird die Synapse im 20. Jahrhundert als Realität behandelt und legt eine rasante Karriere hin, die schließlich zur Vergabe eines Nobelpreises führt. Sir Charles Scott Sherrington erhält ihn

1932, aber auch er muss ihn sich teilen. Dieses Mal jedoch gibt es keine Gegnerschaft zwischen den Preisträgern. Denn auch der Brite Edgar Douglas Adrian (1889–1977), der über die Erregungsleitung von den Sinnesorganen zum Gehirn geforscht und das EEG in Fachkreisen populär gemacht hat, versteht sich als Neuronist.

Der Retikularismus hat längst ausgedient. Als Sherrington seinen halben Nobelpreis entgegennimmt, sind die Hirnforscher bereits zu Neurowissenschaftlern geworden, obwohl die Signalübertragung an der Synapse noch immer ungeklärt ist. Zwar ist Sherrington ein sehr langes Leben beschieden, die Entdeckung des Raums zwischen zwei Nervenzellfortsätzen, den seine Kollegen synaptischen Spalt nennen werden, bekommt er trotzdem nicht mehr mit.[119] Auch eine plausible und experimentell nachvollziehbare Theorie der Erregungsübertragung an der Synapse kann erst kurz nach seinem Tod aufgestellt werden. Ein Jahr nach der Verleihung wandelt der Nobelpreisträger auf dem erkenntniskritischen Pfad du Bois-Reymonds. Dessen Ignorabimus-Argument klingt in Sherringtons Worten so: »But, strictly, we have to regard the relation of mind to brain as still not merely unsolved but still devoid of a basis for its very beginning.«[120] (»Streng genommen müssen wir die Beziehung zwischen Geist und Gehirn nicht nur als ungelöst ansehen, sondern auch als bar jeder Grundlage für einen ersten Anfang.«)

Wie der Strom über den Spalt gelangt

Wenn es tatsächlich so sein sollte, dass der elektrische Strom im Organismus die allesbewegende Kraft ist, muss man sich doch fragen, wie sie so punktgenau zu den Orten gelangt, an denen sie wirkt. Wie ist es möglich, dass jemand seine Finger auf den Tasten des Klaviers so virtuos bewegen kann, dass er die *Goldberg-Variationen* zum Klingen bringt, ohne in seinem Spiel durch permanente Kurzschlüsse unterbrochen zu werden? Diese Frage beschäftigt den Physiologen und Geheimen Medizinalrat Julius Bernstein (1839–1917). Die Nerven, so lautet das Ergebnis seiner Überlegung, müssen von einer Isolationsschicht umgeben sein wie die Kabel im Telegraphenamt, das sein Lehrer du Bois-Reymond als Metapher für das Hirn bemüht hatte. Die Isolation im biologischen Gewebe fußt jedoch auf einem anderen Prinzip als die technische. Bernstein vermutet, dass positiv geladene Ionen die Nervenmembran passieren können, negativ geladene Ionen hingegen nicht. Da sich entgegengesetzte Ladungen anziehen, werden die positiven Ionen von den negativen im Inneren an der Membranwand festgehalten. Außerdem wird es für die positiven Ionen immer schwieriger, nach außen zu gelangen, weil sie im Inneren des Nervs umso stärker von den negativen angezogen werden, je weniger sie zahlenmäßig sind. Auf diese Weise stellt sich an einem bestimmten Punkt ein Gleichgewicht zwischen den positiven Ionen außen und den negativen innen ein. Die Differenz von Plus (außen) und Minus (innen) ergibt – wie bei der Batterie – einen Potentialunterschied, der von du Bois-Reymond als Nervenruhestrom gemessen wurde.

Bernstein experimentiert wie seine Vorgänger am Froschschenkel. Die Erklärung des Phänomens, mit dem er es zu tun bekommt, sobald der Nerv in Aktion versetzt wird, macht ihm jedoch Mühe. Der positive Ruhestrom polt sich nämlich um und wird negativ, wenn er den Nerv reizt. Wie kann das sein? Wiederholte Messungen ergeben immer das gleiche Resultat. Auch du Bois-Reymond hatte diese Eigentümlichkeit bereits beschrieben und sie mit dem sprechenden Begriff »negative Schwankung« versehen. Für Bernstein gibt es mehrere Erklärungsmöglichkeiten, die jedoch alle gleichermaßen unbefriedigend sind. Entweder können die negativen Ionen doch durch die isolierende Membranwand des Nerven hindurchschlüpfen und so für die Umpolung des positiven Ruhe- in den negativen Aktionsstrom sorgen. Dann allerdings müsste Bernstein seine Ionentheorie für falsch erklären, da sie darauf aufbaut, dass die negativen Ionen die Membranbarriere nicht überwinden können. Oder seine Messungen sind falsch. Soll er also dem Theoretiker in sich oder dem Experimentator misstrauen? Eine Wahl zwischen Pest und Cholera. Letztlich entscheidet Bernstein sich gegen den Praktiker und erklärt die negative Spannung zu einem Messfehler: Der Strom bei einer Reizung wird nur relativ negativ, aber nicht absolut. Diesen wie ein Taschenspielertrick anmutenden Effekt erzielt er, indem er sein Galvanometer so eicht, dass die höchste negative Spannung während einer Nervenaktion lediglich null Volt erreicht.

So irreführend diese willkürliche Anpassung der Messwerte an die Theorie auch war, so hellsichtig wirkte Bernsteins Überlegung, »dass alle diese Ströme eine ähnliche, wenn nicht gleiche Ursache haben und dass sie je nach den herrschenden Bedingungen des Baus und der chemischen Zusammensetzung der die Organe bildenden Zellen in verschiedener Kraft und Stärke auftreten«.[121] Die chemische Dimension der Elektrizität beziehungsweise die elektrische Dimension der Chemie gilt seit Beginn des 20. Jahrhunderts als tragfähiger Erklärungsansatz.

Doch der Durchbruch lässt auf sich warten. Im Zuge der Industriellen Revolution werden die Messgeräte zwar besser, aber um wirklich an die Ursache des Erregungsprozesses zu gelangen, braucht man Ableitungen von der Nervenzelle selbst, am besten von einem einzigen Teil davon, dem Axon, das die Erregung produziert. Das ist bei dem seit Galvani in der Elektrophysiologie verwendeten Standardpräparat, dem Froschschenkel, nicht zu leisten. Man kann zwar gut an den Nerven experimentieren, doch um bis auf Zellniveau in die Struktur hineinzugehen, fehlen die Methoden. Als der britische Neurophysiologe John Zachary Young (1907–1997) im

Jahr 1936 ein überdurchschnittlich großes Axon beim Tintenfisch entdeckt, ändert sich die Lage. Den Fortsatz des Neurons kann man mit bloßem Auge sehen, er hat einen Durchmesser von bis zu einem Millimeter und ist damit um ein Vielfaches dicker als jener in den Neuronen der Säugetiere.

Der Chemiker Alan Lloyd Hodgkin (1914–1998) sowie die Physiologen Andrew Fielding Huxley (1917–2012) und John Eccles (1903–1997) beginnen, dieses »giant axon« zu untersuchen. Sie können ihre Sonden direkt in das Axon einführen, was eine präzise Messung ermöglicht. Sie experimentieren mit verschiedenen Ionenarten und -konzentrationen in der Umgebung des Axons, bis sie schließlich die Entstehung eines Aktionspotentials rein chemisch erklären können. Demnach strömen zu Beginn positiv geladene Natrium-Ionen in die Zelle ein, wodurch die Spannung positiv wird. Kurz danach aber verlassen ebenfalls positiv geladene Kalium-Ionen in großer Menge die Zelle, und das Vorzeichen der Spannung kehrt sich um. Aus Plus wird Minus.

Hodgkin, Huxley und Eccles gießen ihre Theorie in ein mathematisch exaktes System. Den Mechanismus, aufgrund dessen sich die Ionen zwischen Zelle und deren unmittelbarer Umgebung hin und her bewegen, können sie allerdings noch nicht beobachten. Sie vermuten in der Zellwand winzige, auf die jeweiligen Ionen eingestellte Kanäle, die spannungsabhängig agieren und sich bei bestimmten Schwellenwerten öffnen oder schließen. Noch bevor Hodgkin, Huxley und Eccles 1963 den Nobelpreis bekommen für die Erklärung »des Ionen-Mechanismus, der sich bei der Erregung und Hemmung in den peripheren und zentralen Bereichen der Nervenzellmembran abspielt«, werden diese hochselektiven Kanäle auch tatsächlich entdeckt.

In der Hirnforschung entsteht bis zur Mitte des 20. Jahrhunderts eine neue Metapher. Das Gehirn, so die bis heute wirkmächtige Vorstellung, funktioniert nach der Art und

Weise eines Chemiebaukastens, und die Hirnchemie scheint der neue Schlüssel zum Verständnis des Organs. In diesem Kontext macht auch der Begriff des Transmitters Karriere. Bereits 1921 kann der deutsch-österreichische Pharmakologe Otto Loewi (1873–1961) aus dem für die Dämpfung zuständigen Vagusnerven am Froschherz eine Substanz gewinnen. Diese Flüssigkeit bringt er in eine Kochsalzlösung ein, in der andere Froschherzen schlagen. Daraufhin verlangsamt sich ihr Puls, womit bewiesen ist, dass die Erregung im Nervensystem auf chemische Weise vonstattengeht. Später wird dann der Überträgerstoff Acetylcholin identifiziert. Loewi, dem nach eigenen Angaben das ebenso einfache wie geniale Experiment im Traum erschienen ist, regt einen völlig neuen Forschungszweig an, der durch den antisemitischen Wahn der Nationalsozialisten jedoch erst einmal in den USA zur Blüte kommt. Dorthin kann der Jude Loewi nach einem mehrwöchigen KZ-Aufenthalt im Alter von fünfundsechzig Jahren fliehen. Zuvor jedoch muss er den Nazis sein Konto zugänglich machen. Dort liegt das Preisgeld der Nobelstiftung, die ihm 1936 die höchste Ehrung für einen Wissenschaftler zuteilwerden ließ.

Durch Loewis Entdeckung konnte auch der alte, in Hirnforscherkreisen längst entschiedene Streit zwischen Golgi und Cajal endgültig aus der Welt geräumt werden. Die Neuronisten waren lediglich noch die Erklärung schuldig geblieben, wie die Erregungsübertragung an der Synapse denn vonstattengehen solle, wenn die Neurone tatsächlich in sich abgeschlossene Zellen seien. Eine elektrische Übertragung käme aufgrund des Zwischenraumes nicht infrage, da die elektrische Ladung nicht hinüberspringen kann, was einem ein Kabelbruch in Stromleitungen schmerzlich bewusst macht. Nun ist auch dieses Rätsel gelöst: Die Übertragung findet nicht auf elektrischem, sondern auf chemischem Wege statt. Die Aktionspotentiale in der Zelle bewirken die Ausschüttung eines Neurotransmitters, der am nächsten Neuron andockt, dort wiederum die Öffnung entsprechender Ionenkanäle verursacht und es in gleicher Weise erregt. Allerdings kann das nachfolgende Neuron in seiner Aktivität ebenfalls gehemmt werden, wenn die Zelle einen anderen Neurotransmitter ausstößt. Mit den beiden Zuständen Erregung und Hemmung sind die beiden grundsätzlichen Regulationsprinzipien des Nervensystems auch auf neuronaler Ebene gefunden. Sie bilden im Detail ab, was auf den höheren Ebenen längst bekannt ist. Der menschliche Organismus kann nicht nur mit Erregung arbeiten, sondern benötigt für die effiziente Steuerung ebenso das Gegenteil. Man könnte den Arm nicht anwinkeln, wenn sich nicht der Strecker dehnte, während sich der Beuger straffte, das Herz käme nach sportlicher Betätigung nicht wieder zur Ruhe, wenn es neben dem Erregungsgeschäft des Sympathikus nicht auch die Hemmung durch den Vagus gäbe. Dieses Prinzip von Hemmung und Erregung kann nun durch die Entdeckung der an der Synapse wirkenden chemischen Stoffe auf ihre elementaren Ursachen zurückgeführt werden.

Nach Einführung des Elektronenmikroskops, das über eine bis zu zehntausendmal höhere Auflösung als ein Lichtmikroskop verfügt, konnte Mitte der fünfziger Jahre der synaptische Spalt tatsächlich auch sichtbar gemacht werden. Damit gehen die Neuronisten nicht nur auf ganzer Linie als Sieger aus der Kontroverse hervor, die ihren Höhepunkt bei der Nobelpreisvergabe 1906 fand, sondern sind auch hinsichtlich des späten Nachweises des synaptischen Spalts vollauf rehabilitiert. Dieser misst nämlich gerade einmal zwanzig Nanometer, also zwanzig Millionstel Millimeter, und ist tatsächlich frei von Fasern.

Zu Beginn des 20. Jahrhunderts zündet die eigentliche Stufe der Moderne. Die Lebenswelt verändert sich rasant. Metropolen entstehen, die Massenproduktion setzt ein. Die Erfolgsgeschichte des Automobils macht es vor: Wohlstand für alle schafft noch mehr Reichtum für wenige. Der Fortschrittsoptimismus ist ungebrochen. Die Natur gilt als unerschöpfliche Ressource und Eigentum des schaffenden Menschen. Angesichts ihrer bedingungslosen Plünderung kommen keinerlei Bedenken auf. Schließlich gilt es ein gewaltiges Werk im Geiste des rationalen Bewusstseins zu verrichten. Der französische Philosoph Jean-François Lyotard (1924–1998) wird das in den 1980er-Jahren die Zeit der »großen Erzählungen« nennen.[122] Erzählt wird hier von nicht weniger als dem Ganzen. Nachdem das Wertekorsett der Kirche abgeschüttelt ist, soll die Menschheit nun mithilfe großer Ideale einen dem himmlischen Paradies recht vergleichbaren Zustand bereits auf Erden erreichen. In dieser Epoche, in der nichts als große Ideen und Visionen gefragt sind, wird sich die Hirnforschung immer wieder Versuchungen ausgesetzt sehen, ihr Wissen einer Ideologie zur Verfügung zu stellen.

Auch innerhalb der Hirnforschung sind große Entwürfe gefragt. So begnügt sich Ramón Cajal nicht mit einer Theorie der Neurone, sondern will vom ganz Kleinen her das ganz Große erklären: die Großhirnrinde. Seit Thomas Willis Mitte des 17. Jahrhunderts deren überproportionale Ausdehnung im Menschenhirn analysiert hatte, hofften etliche Forscher, in ihr die besonderen Fähigkeiten des Menschen zu finden. Versessen studiert Cajal die unterschiedlichsten Präparate, die er mit der Färbemethode seines Erzrivalen Golgi hergestellt hat, und entdeckt in einzelnen Bereichen tatsächlich verschiedene Arten von Zellen. Cajal konzentriert sich zunächst auf die Sinnesbereiche, also auf die Seh-, die Bewegungs-, die Hör- und die Riechrinde. Gestützt auf die Erkenntnisse von Theodor Meynert, dem Lehrer von Carl Wernicke, geht er von einer Schichtenstruktur der Großhirnrinde aus und untersucht die spezifische Charakteristik der Neurone in diesen Arealen. Demnach besitzt die Sehregion »eine besondere, von derjenigen der übrigen Rinde sehr verschiedene Struktur«. Auffällig seien hier die sogenannten Sternzellen. Aber auch »die übrigen Sinnessphären der Rinde besitzen Eigenthümlichkeiten«. So zeichne sich die Hörrinde durch die Existenz großer Spindel- und Triangelzellen aus, während die Bewegungsrinde gut »an der außerordentlichen Menge der mittelgroßen Riesenpyramidenzellen«[123] zu identifizieren sei und die Riechrinde im Aufbau eine besonders dicke erste Schicht zeige.

Diese Strukturen findet Cajal im Prinzip bei allen von ihm untersuchten Säugetieren. War dies gewissermaßen die Pflicht, macht er sich nun an die Kür der Analyse spezifisch menschlicher Strukturen in der Großhirnrinde. Hierzu richtet er seine Aufmerksamkeit auf jene Fähigkeit, die man bei Tieren vergeblich sucht: die Sprache. Cajal entwickelt ein neues Konzept, indem er vermutet, dass man zwar verschiedene Sinne benötigt, um sprechen zu können, es sich hierbei aber trotzdem um eine höhere Fähigkeit handelt, die mehr als die sensorischen und motorischen Fertigkeiten beinhaltet. Ganz offensichtlich reicht es nicht, zu hören, zu sehen und die Lippenbewegung steuern zu können, um sprachmächtig zu sein. Es kommt etwas hinzu, das er »kommemorative Zentren« nennt.[124] Damit sind Regionen gemeint, die das Gedächtnis bilden. Sie unterteilen sich in primäre und sekundäre Erinnerungszentren. Erstere speichern die Sinneseindrücke ab, während sich in Letzteren Gedanken und Ideen herausbilden, die ohne Bezug zur äußeren Realität auskommen können. Die kommemorativen Zentren, die sich laut Cajal durch ihre spezifische Textur von den anderen Regionen abheben, verortet er jeweils in den seitlichen Bereichen.

Insgesamt sieht Cajal die Großhirnrinde also in drei Arten von Zentren unterteilt, die über Faserverbindungen miteinander in Verbindung stehen. Sein Konzept geht nicht wie die Lokalisationstheorien des vergangenen Jahrhunderts von besonderen Eigenschaften der Individuen aus, sondern fußt auf präzisen histologischen Untersuchungen. Gleichwohl weckt sein Studium der architektonischen Struktur bei seinen Kollegen neues Interesse an der Lokalisation bestimmter Eigenschaften und Funktionen in der Großhirnrinde.

Von dem Psychiater Alois Alzheimer (1864–1915) für die neuroanatomische Grundlagenforschung begeistert, systematisiert zunächst der deutsche Neuroanatom und Psychiater Korbinian Brodmann (1868–1918) die Struktur der menschlichen Großhirnrinde. Ihm gelingt es, mit dem Wirrwarr verschiedenster Bezeichnungen für die Areale der Großhirnrinde aufzuräumen, weil er streng anatomisch vorgeht. Brodmann interessiert sich ausschließlich für die Zellbeschaffenheit und teilt die Großhirnrinde nach strukturell verschiedenartigen Strukturen ein. Seine Methode nennt er »Cytoarchitektonik«, nach dem griechischen Wort *kytos* für »Zelle«.[125] Brodmann unterscheidet dabei drei Ebenen. Auf der untersten analysiert er einzelne Zellen, auf der mittleren die Zellverbände in den einzelnen Schichten und schließlich die Struktur des gesamten Querschnitts. Auf Letztere kommt es ihm besonders an, denn sie ermöglicht ihm, die genaue Topographie zu untersuchen und die einzelnen Areale nach strikt anatomischen Kriterien voneinander zu trennen. Dementsprechend weigert sich Brodmann rigoros, auf die möglichen Funktionen der jeweiligen Regionen zu schauen, und erteilt derartigen Versuchen – mit deutlichem Verweis auf Ramón y Cajal – eine entschiedene Absage: »Wer Geschmack daran findet, mag die einzelnen Zellschichten mit funktionellen, aus der Physiologie resp. Psychologie entlehnten Termini bekleiden wie ... ›Assoziations- und Projektionsschicht‹, ›kommemorative‹ und

›psychische‹ Schicht, aber er darf nicht den Anspruch erheben, damit dem wissenschaftlichen Fortschritt zu dienen ... Sie sind rein willkürliche Fiktionen und nur dazu angetan, in unklaren Köpfen Verwirrung anzurichten.«[126]

Brodmann bezieht auch Säugetiergehirne in seine Studien mit ein, um auf vergleichender Ebene die einzelnen »area anatomicae« schärfer voneinander zu trennen. In achtjähriger Arbeit im neurologischen Laboratorium der Berliner Universität zergliedert er die Großhirnrinde bis in »kleinste Windungen und Windungsteile« und beschreibt schließlich zweiundfünfzig cytoarchitektonisch untergliederte Areale. Die Wissenschaftlergemeinde ist so nachhaltig von Brodmanns präziser Arbeit beeindruckt, dass sie diese Regionen später Brodmann-Areale nennt. Die Hirnforscher halten sich bis heute an die von Brodmann entwickelte Klassifikation der Großhirnrinde. Die einzelnen Areale sind mit BA – für Brodmann-Areal – und einer Ordnungszahl betitelt. Nach neuesten Befunden sind einige dieser Areale noch einmal in sich differenziert, sodass man auch Bezeichnungen wie BA 7a oder BA 7b findet. Das von Paul Broca gefundene motorische Sprachzentrum umfasst jetzt beispielsweise BA 44 und BA 45.

Unvergleichlich schöne Pyramidenzellen in Lenins Hirn

Was zwischen Brodmann und seinem ehemaligen Chef an der Berliner Universität, Oskar Vogt (1870–1959), wirklich vorgefallen ist, wird man wohl nicht mehr erfahren. Wissenschaftliche Differenzen sind jedenfalls nicht überliefert. Im Geleitwort zu Brodmanns Standardwerk bezeichnet Vogt die Arbeit seines ehemaligen Assistenten als »einen Markstein«, und zwar »für alle Zeiten«.[127] Plötzlich aber setzt er sich mit Erfolg dafür ein, dass Brodmanns Habilitation »Die cytoarchitektonische Kortexgliederung der Halbaffen« abgelehnt wird, und kündigt ihm 1910, ein Jahr nach der Erstpublikation von *Vergleichende Lokalisationslehre der Grosshirnrinde* seine Stelle. Brodmann habilitiert sich daraufhin in Tübingen und folgt schließlich einem Ruf an die Münchener Universität, wo er jedoch bereits 1918 an den Folgen einer Infektion stirbt, die er sich wahrscheinlich bei seiner unermüdlichen Sezierarbeit zugezogen hat.

Im Jahr vor Brodmanns Tod wird eine der »großen Erzählungen« des 20. Jahrhunderts materielle Gestalt. In Russland gelangen die Bolschewiki unter Wladimir Iljitsch Uljanow (1870–1924) – Deck- und Kampfname Lenin – an die Macht. Lenin selbst wird 1918 bei einem Attentat von Kugeln getroffen, stirbt allerdings erst sechs Jahre später, wahrscheinlich an den Folgen der Syphilis. Nach seinem Tod steigt Lenin zur Ikone der kommunistischen Bewegung auf. Legenden von seinen übermenschlichen geistigen Fähigkeiten schießen ins Kraut. An dieser Stelle kommt wiederum Oskar Vogt ins Spiel. Sein neurologisches Labor an der Berliner Universität ist mittlerweile zum Kaiser-Wilhelm-Institut für Hirnforschung avanciert, dem er als Direktor vorsteht. Ein Jahr nach Lenins Tod trudelt eine Offerte der russischen Regierung für ihn ein. Er soll die Untersuchung der Hirnmasse des großen Arbeiterführers übernehmen. Gelockt wird Vogt mit der Aussicht, ein Staatsinstitut für Hirnforschung aufbauen zu dürfen. Kurzerhand zieht er mit seiner Frau Cécile, einer ebenfalls bedeutenden Hirnforscherin (1875–1962), und einem Stab von Mitarbeitern nach Moskau um. Für zwei Jahre wird er nun dem Institut zur Erforschung von Lenins Gehirn vorstehen, das man nach seinem Tod entnommen und als eine Art Reliquie zur weiteren Aufbewahrung in Paraffin konserviert hat.

Lenins Denkorgan wird nun in einunddreißigtausend Scheiben zerschnitten. Nach akribischer Analyse der grauen Substanz in der Großhirnrinde kommt Vogt zu der gewünschten Deutung. Er findet die Genialität Lenins in dessen Hirnzellen. In den tieferen Regionen der dritten Rindenschicht stößt er auf »Pyramidenzellen in einer von mir nie beobachteten Zahl«, die er zum Anlass nimmt, Lenin zu einem »Assoziationsathleten« zu küren. Vogt erledigt die Auftragsarbeit der sowjetischen Stellen mit Bravour, wenn er schlussfolgert: »Speziell machen uns die großen Zellen das von allen denjenigen, die Lenin gekannt haben, angegebene außergewöhnlich schnelle Auffassen und Denken sowie das Gehaltvolle in seinem Denken oder ... seinen Wirklichkeitssinn verständlich.«[128]

Der Begriff »Pyramidenzellen« bekommt einen geradezu magischen Klang und strahlt aus dem Laboratorium bis in die Propaganda-Abteilung der Sowjetregierung. Vogt hat dem genialen Geist tatsächlich eine anatomische Entsprechung geben können. Der Schriftsteller Tilman Spengler (*1947) lässt in seinem Roman *Lenins Hirn* die russischen Mitarbeiter Vogts denn auch von der Unsterblichkeit Lenins schwärmen: »Und wir können es nachvollziehen, an seinen Taten und in seiner Hirnrinde. In jedem der 31 000 Schnitte ... angesichts dieser unvergleichlich schönen Pyramidenzellen.«[129] Im Wodkarausch werden die Attribute immer abenteuerlicher, die für den Begriff »Pyramidenzelle« gefunden werden. Er »verbindet die Ästhetik unserer Moderne, die strengen Dreiecke und geometrischen Formen, mit der Weisheit Ägyptens«.[130]

Der Euphorie der Leninverehrung hätte Vogt mit seinem Fachwissen aber auch einen gehörigen Dämpfer verpassen können. Sein in Ungnade gefallener Assistent Korbinian Brodmann hatte sich nämlich ausführlich mit den Pyramidenzellen beschäftigt. In seinen vergleichenden Studien der Säugetiere war ihm aufgefallen, dass sich eine überdurchschnittlich hohe Anzahl größerer Exemplare dieser Zellen bei Arten findet, die gemeinhin nicht als Assoziationsathleten gelten. Da Vogt die Forschungen von Brodmann genau kannte, hätte er, der wissenschaftlichen Wahrheit verpflichtet, sagen müssen, er sei in der dritten Schicht von Lenins Großhirnrinde auf Pyramidenzellen in einer von ihm nie beobachteten Zahl gestoßen, die sich in dieser Häufung und Größe sonst nur beim »Löwen« und beim »Wickelbären«[131] finden. Das jedoch hätte der deutsche Hirnforscher in den Zeiten des aufwallenden Blutrausches von Josef Wissarionowitsch Dschugaschwili (1878–1953) – Deck- und Kampfname Stalin – möglicherweise nicht überlebt.

Mit der unglückseligen ideologischen Instrumentalisierung der Hirnforschung fällt Vogt in gewisser Weise hinter Brodmann zurück. Der hatte sich als Neuroanatom betrachtet, dessen Aufgabe darin besteht, die Struktur des Gehirns streng aus dessen Gewebearchitektur heraus zu erklären und sich dabei jede Form der Funktionszuweisung zu verbieten. Vogt beschneidet nun im Namen der proletarischen Revolution dieses Selbstverständnis, wenn er die Häufung der Pyramidenzellen für die Genialität Lenins verantwortlich macht. Dass diese Korrelation zwischen materieller Substanz und geistiger Fähigkeit vollkommen an den Haaren herbeigezogen ist, bringt Vogt viel Hohn und Spott seiner Kollegen ein. Mit der Willkürlichkeit seiner Gleichsetzung schließt er an den spekulativen Lokalisationismus eines Franz Gall an. Vogt jedoch scheint während seines russischen Abenteuers Gefallen an dieser materialistischen Sichtweise gefunden zu haben. In der Folgezeit zeigt er sich immer wieder interessiert an der Untersuchung vermeintlich extremer Geister. Dazu gehört beispielsweise ein Diplomat, der siebzig Sprachen beherrscht haben soll. So legt Tilman Spengler dem Hirnforscher auch Worte in den Mund, die für eine Konzentration auf die Untersuchung des »Elitegehirns« sprechen: »Mir ist schon vor längerer Zeit klargeworden, daß die Untersuchung des Mittelmaßes immer nur die notwendigen, nie aber die hinreichenden Bedingungen liefern kann, um die letztmögliche, also die höchste Leistungsfähigkeit des Menschen zu bestimmen.«[132]

Auch Verbrecher gehören deshalb zum Untersuchungsspektrum von Oskar Vogt. 1951 präsentiert er Ergebnisse, die abermals die dritte Schicht der Großhirnrinde betreffen. Diese soll bei Kriminellen besonders dünn ausfallen. Verhängnisvoll werden die Aussagen von Vogt, als er eine genetische Komponente mit ins Spiel bringt, indem er behauptet, dass diese Strukturen vererbbar seien. Nur wenige Jahre nach Ende der NS-Diktatur spricht er vom »geborenen Verbrecher«.[133] Wer weiß, zu welch unheilvoller Begegnung von Lokalisationstheorie und Gewaltherrschaft es gekommen wäre, hätten die Nationalsozialisten nicht einen gewissen Argwohn gegenüber dem Hirnforscher-Ehepaar aufgrund von deren Liaison mit den Sowjets gehabt und den Wissenschaftler bereits 1937 am Berliner Kaiser-Wilhelm-Institut in den Ruhestand geschickt. Denn 1951 fordert Vogt, dass seine Fachrichtung ihren Beitrag dazu leisten solle, der »Zuchtwahl, der Rassenhygiene der Zukunft, die schon lange ersehnte wissenschaftliche Grundlage zu geben«.[134]

Enger mit den Nazis verbandelt war der Neurologe Karl Kleist (1879–1960), der die Lokalisation höherer menschlicher Fähigkeiten in der Großhirnrinde auf die Spitze treibt. Als Militärarzt im Ersten Weltkrieg bieten sich ihm reichlich Studienobjekte. Dabei geht der ehemalige Assistent von Carl Wernicke nach der klassischen Methode vor und schließt jeweils vom Defizit auf die Aufgabe der in Mitleidenschaft gezogenen Hirnregion. Kleist untersucht mehrere Hundert Invaliden, die sich Schussverletzungen zugezogen hatten, auf die Art ihrer Funktionsausfälle. Nach ihrem Tod obduziert er sie und analysiert ihre Gehirne mit den neuesten Methoden en détail. Seine hochdifferenzierten Hirnkarten entstehen auf Grundlage der Brodmann-Areale. Letztlich könnte man Kleists Projekt als einen hartnäckigen Kampf mit dem Horror Vacui, der Angst vor der Leere, beschreiben, hatte Brodmann doch die Bereiche auf der Großhirnrinde lediglich anatomisch bestimmt, in Bezug auf ihre Funktion jedoch leer gelassen. Kleists Bestreben liegt nun darin, jeder Region eine Aufgabe zuzuordnen. So sieht er Ortssinn (BA 18), Horchbewegungen (BA 21), Schmerzempfindungen (BA 3a) und Geschmack (BA 43) ebenso in eng umschriebenen Bereichen beheimatet wie tätige Gedanken (BA 46), Gesinnungen (BA 47) oder das Namensverständnis (BA 37). Kleist scheint von seiner Aufgabe wie besessen. Noch kurz vor seinem Tod fragt er sich: »Wo ist denn noch Platz, wo sind noch stumme Regionen, weiße Felder auf der Hirnkarte?«[135]

Kleists Frage macht das Dilemma der Lokalisationsforschung Mitte des 20. Jahrhunderts deutlich: In ihrer Kartographierungsmanie übersieht beziehungsweise leugnet sie zwei entscheidende Punkte. Zum einen gewinnt man aus der Verortung einer Funktion aufgrund ihres Ausfalls keinerlei Kenntnis darüber, wie die Fähigkeit vom Gehirn geleistet wird. So gesehen nützen die Karten eigentlich niemandem. Sie illustrieren lediglich die Hypothese, dass Nervenzellen die Grundlage des Denkens bilden. Beweisen oder gar erklären können sie das nicht. Außerdem vermitteln die Hirnkarten das Bild, dass motorische Fertigkeiten und sensorische Wahrnehmung qualitativ dasselbe sind wie höhere Fähigkeiten. So sind bei Kleist die tätigen Gedanken nur wenige Zentimeter von den Augenbewegungen (BA 8) entfernt. Diese suggerierte Gleichsetzung einer bestimmten Neuronenstruktur in einem eng umrissenen Gebiet mit dem, was Geist und Bewusstsein ausmachen, entbehrt jeglicher Grundlage und macht die Lokalisationstheorie auf breiter Fläche angreifbar.

Eine Fackel im Großhirn und Strom im Kopf

Die Hoffnung der Lokalisationisten, den Geist in eng umschriebenen Regionen dingfest zu machen, verrät sie als Kinder der Neuzeit. Seit Descartes' konsequent mechanistischem Erklärungsprogramm aller Phänomene wird der Traum von der einfachen Verursachung geträumt. Diesen Traum befeuert nicht zuletzt die Ansicht, dass einzelne Areale bestimmte Funktionen ausführen. Wie bei der Traktur der Orgel ist jedem Bereich eine spezifische Aufgabe zugeordnet. Zwar ist der Wirkmechanismus nicht mehr mechanisch, aber das Denken sehr wohl. Bis ins 20. Jahrhundert hinein denkt die Naturwissenschaft vorzugsweise linear. Doch die neue elektrische Kraft zeitigt immer überraschendere Phänomene, die das Ideal der einfachen Kausalität langsam erodieren.

So beginnt der in gewaltigen Generatoren hergestellte Wechselstrom dem seit der Zeit der Leidener Flasche herkömmlichen Gleichstrom bereits in der zweiten Hälfte des 19. Jahrhunderts den Rang abzulaufen. Wie der Name nahelegt, wechselt diese neue Form der Elektrizität ständig ihre Polarität. Bis zu fünfzigmal in jeder Sekunde wird aus Plus Minus und aus Minus wieder Plus. Obwohl damit der arithmetische Mittelwert genau null ist, kann diese Art der Energie enorme Wirkungen erzielen und die Haushalte ganzer Städte taghell erleuchten. 1893 gewinnt dann auch der serbisch-amerikanische Elektrophysiker Nikola Tesla (1856–1943) mit seinem Konzept eines auf Wechselstrom basierenden Energiesystems den von den Betreibern der Niagara-Wasserkraftwerke ausgelobten Preis für die effizienteste Elektroübertragung.

Für das mechanische Denken ist es eine ungeheure Provokation, dass ein derart unstetes, auf wechselseitiger Aufhebung fußendes Prinzip eine solch bestechende Kontinuität schaffen kann. Ende des 19. Jahrhunderts gelingt es auch noch, dieses flattrige Phänomen ins Bild zu setzen. Der Oszillograph, in dessen Namensgebung sich das lateinische *oscillare* für »schaukeln« mit dem griechischen *graphein* für »schreiben« vereint, macht die schwankenden Ströme sichtbar. So erwächst aus der Elektrizität eine neue Untersuchungsmethode, die eine andere Herangehensweise an die Natur nahelegt. Im Detail widersprüchliche oder gar unerklärbare Phänomene müssen die Wissenschaft nicht länger beunruhigen, solange sich das Ganze auf einer höheren Ebene zu einer harmonischen Kurve mit wiederkehrendem Muster zusammenfügen lässt. Diese Perspektive erscheint gerade für die Hirnforschung erstrebenswert, in der zu Beginn des 20. Jahrhundert Einzelerkenntnisse der Zellforschung, der anatomisch orientierten Lokalisationslehre und der Elektrophysiologie unverbunden nebeneinanderstehen.

Der deutsche Neurologe Hans Berger (1873–1941) kommt da zur rechten Zeit. Er ist geradezu beseelt von der Idee, biologischen Systemen durch Ableitung und Darstellung von Kurven ihre Geheimnisse zu entlocken. Nach dem Studium arbeitet er – wie Korbinian Brodmann – als Assistent an der Nervenklinik im thüringischen Jena unter der Leitung des renommierten Psychiaters Otto Binswanger (1852–1929), zu dessen Patienten der Philosoph Friedrich Nietzsche (1844–1900), der Schriftsteller und Diplomat Harry Graf Kessler (1868–1937) und der Dichter und spätere Kulturminister der DDR, Johannes R. Becher (1891–1958), gehörten. Als Berger die Aufgabe bekommt, die Wirkung der seinerzeit eingesetzten Psychopharmaka auf die Gehirndurchblutung zu untersuchen, beginnt er sofort damit, Kurven zu kreieren, die ihm ein eigens dafür konstruierter Apparat liefert.[136] Patienten, denen aufgrund einer Tumoroperation Teile des Schädelknochens entfernt wurden, setzt Berger eine präzise eingestellte Kappe auf, die es erlaubt, geringste Druckschwankungen an der Lücke in der Schädeldecke zu registrieren. Diese werden über einen Luftschlauch an einen beweglichen Schreibarm weitergeleitet, der gemäß den Veränderungen eine berußte Fläche einritzt. Berger geht davon aus, dass Druck und Durchblutung miteinander in direkter Verbindung stehen. Die Frequenz steht dabei für die Volumenveränderung, die Amplitude für die Durchblutungsintensität. Seine Gehirnvolumenkurve unterscheidet sich auf charakteristische Weise von der des Armes, der Herztätigkeit und des Pulses. So bekommt die Hirnforschung ihr erstes effektvolles bildgebendes Verfahren.

Nun geht es daran, die Bilder zu interpretieren. 1903 findet Berger einen idealen Patienten für seine Forschungen. Der Mann ist zwar durch einen Schuss am Kopf verletzt, jedoch in seinen geistigen Fähigkeiten offensichtlich nicht eingeschränkt. Berger untersucht ihn eingängig mit seinem Registriergerät und gelangt zu der Idee, eine Relation zwischen psychischen und physischen Zuständen herzustellen. Dazu schenkt er seiner materiell bedürftigen Versuchsperson ein Zehnmarkstück, »worüber sie sich sehr freut«.[137] Mit seiner Apparatur zeichnet Berger die Hirnkurve des erzeugten Lustgefühls auf. »Das Gehirnvolumen, das zu Beginn der Kurve von mittlerer Höhe ist und auffallend niedrige, dem Depressionszustand entsprechende Pulsation darbietet, sinkt unter der Einwirkung des freudigen Ereignisses langsam ab, indem gleichzeitig die Pulsationshöhe zunimmt.«[138]

Wieder ist eine Korrelationsbeziehung zwischen geistigen und materiellen Zuständen gestiftet. Anders als bei Franz Gall und der Phrenologie oder bei Karl Kleist und seiner Lokalisationsmanie nun jedoch mit der Autorität einer an Wissenschaftlichkeit gemahnenden Kurve. Dabei allerdings nicht weniger spekulativ. Das fällt auch einem Kollegen Bergers auf, der dessen 1904 erschienene Studie »Über die körperlichen Äußerungen psychischer Zustände« im renommierten *Journal für Psychologie und Neurologie* als »Gefühlssymptomatologie« verspottet. Ungerührt von solcher Art Kritik geht Berger den Weg der Hirnkurven weiter. Auf dem Umschlag mehrerer seiner Veröffentlichungen ist nun eine Fackel zu finden: »Wenn ich mich eines Bildes bedienen darf, so lodert die Fackel, deren Brand dem Ablauf der psychophysischen Vorgänge in der Hirnrinde entspricht, periodisch heller auf.«[139]

Berger fängt Feuer. Bislang hat er die physiologische Hirntätigkeit nur hinsichtlich ihrer Blutzirkulation untersucht.

Blut aber erzeugt weder Gedanken noch Gefühle. Seit du Bois-Reymond den *spiritus animalis* endgültig entmachtet hat, geht es nur noch um Elektrizität. Wenn Berger die Beziehung zwischen Geist und Materie in der Großhirnrinde wirklich entschlüsseln möchte, muss er auf elektrophysiologischem Gebiet forschen. Eine von der Hirnelektrik abgeleitete Kurve könnte man wohl mit gutem Recht als Bewusstseinsstrom bezeichnen.

Zwanzig Jahre lang – unterbrochen vom Ersten Weltkrieg – versucht sich Berger mehr oder minder erfolglos an der Ableitung von Strömen aus dem Kopf. Immerhin gelingt es ihm, die Großhirnrinde von Tieren erfolgreich zu reizen. So kann er zuverlässig die Sehrinde eines eigens für den Versuch operierten Hundes mit einem elektrischen Signal stimulieren, woraufhin das Versuchstier seine Augenmuskeln anspannt. Eigentlich interessiert ihn aber der umgekehrte Weg. Wenn er aber die Stromquelle gegen ein Galvanometer austauscht und der Hund von sich aus die Augen bewegt, kann Berger in seinem Instrument keinerlei Ausschlag verzeichnen. Er schlägt sich mit einem ähnlichen Problem herum wie du Bois-Reymond Mitte des 19. Jahrhunderts. Die Empfindlichkeit seines Registriergeräts genügt nicht. Er bestellt ein besseres. Auf ein nach seinen Wünschen angefertigtes Spulengalvanometer muss er ein halbes Jahr warten und dreitausend Reichsmark an Siemens & Halske überweisen.

Dieses Instrument bringt ihm endlich die ersehnten Ableitungen. Ein zweiter Glücksbringer kommt in Person seines fünfzehnjährigen Sohnes Klaus ins Spiel, der als Versuchsperson herhalten muss. Berger leitet Ströme vom unversehrten Kopf des Jungen ab und kann am 21. Oktober 1927 in sein Tagebuch notieren: »Heureka! Ich habe in der Tat das Elektrenkephalogramm gefunden.«[140] Berger findet Hirnkurven in mehreren Frequenzbereichen und kann verlässlich zeigen, wie die zwischen acht und zwölf Hertz schwingenden Alpha-Wellen sofort durch Beta-Wellen (dreizehn bis dreißig

Der kanadische Neurowissenschaftler Herbert H. Jasper sandte Hans Berger seine Weihnachts- und Geburtstagswünsche in einer »Hirnschrift«, die an die Kurven des EEG erinnert.

Hertz) ersetzt werden, sobald ein wacher Proband seine Augen öffnet.[141]

In den folgenden beiden Jahren verfeinert Berger seine Methode und entwickelt eine neue Registriertechnik. Die Kurven werden nun nicht mehr auf gerußtem Untergrund, sondern auf Fotopapier aufgezeichnet, sodass Berger seine Gehirnkurve im Wortsinn schwarz auf weiß besitzt, als er 1929 mit seiner Abhandlung *Über das Elektrenkephalogramm des Menschen* an die Öffentlichkeit tritt: »Das Elektrenkephalogramm stellt eine fortlaufende Kurve mit ständigen Schwankungen dar, an der man die größeren Wellen erster Ordnung mit einer Durchschnittsdauer von 90 Millisekunden und die kleineren Wellen zweiter Ordnung von durchschnittlich 35 Millisekunden unterscheiden kann. Die größeren Ausschläge haben einen Wert von im Höchstmaß 0,00015 bis 0,0002 Volt.«[142] Diese sehr geringen Werte im Bereich von einem Zehntausendstel Volt machen die Empfindlichkeitsprobleme, die Berger so lange Zeit bei seinen Messungen hatte, plausibel.

Die Entdeckung wird begeistert aufgenommen. Unter der Bezeichnung Elektroenzephalogramm (kurz EEG) erlebt die Hirnforschung ihren ersten Hype. Bereits 1929 trifft man dabei viele Elemente an, die bis in die Gegenwart die Liaison von Neurowissenschaft und Medien kennzeichnen. Im Zentrum der Meldungen steht ein spektakulärer Kern, der mit der wissenschaftlichen Realität wenig bis gar nichts zu tun hat. So ist von der »Aufzeichnung der Gedanken in Gestalt einer Zickzack-Kurve«[143] zu lesen, von der »elektrischen Schrift des Menschenhirns«. Reine Phantasieprodukte der Zeitungsmacher, die aus nicht gedeckten Schlagzeilen Zukunftsprognosen ableiten. Die Presse erwartet, dass man sich bald »schon Briefe in Hirnschrift schreiben« wird.

Im nächsten Schritt prüft man die Medientauglichkeit des Wissenschaftlers, der das EEG erfunden hat. Berger bekommt Interviewanfragen, Bilder von ihm und den Hirnstromableitungen erscheinen. Der Zeitgeist steht auf technische Wundertaten, seit das Radio ab Mitte der 1920er-Jahre die neuartige Erfahrung ermöglicht, Stimmen aus der Wand zu hören. In diesen geradezu mythischen Kontext wird das EEG eingepasst. Warum sich mühsam einarbeiten in die Schriften, die Berger zwischen 1929 und seinem Tod 1941 wie am Fließband publiziert, wenn man das EEG mit Themen wie Gedankenlesen oder Telepathie verbinden und eine auflagensteigernde Angstlust beim Leser erzeugen kann? Wenn dann die hausgemachten rosigen Prognosen hinsichtlich des Fortschritts in der Hirnforschung nicht eintreten, eilen die Medien halt rasch zur nächsten Sensation.

Die Fachwelt hingegen begegnet Berger eher ablehnend. Das mag zum einen daran liegen, dass der in Jena tätige Neurologe als Eigenbrötler ohne die entsprechenden Netzwerke arbeitet. Selbst von seinen Mitarbeitern wissen nur wenige Auserwählte Bescheid, woran ihr Chef an den langen Sonntagen in der Klinik sitzt. Außerdem reichen die Schatten der Lokalisationstheorie weit, und so sucht man auf elektrophysiologischer Ebene eher nach unterschiedlichen elektrischen Signalen, mit denen die einzelnen Areale arbeiten. Eine gleichmäßige Erregungswelle, wie sie das EEG aufzeichnete, passt da nicht ins Bild.

Diese Skepsis teilt anfänglich auch der britische Physiologe Edgar Douglas Adrian. Erst auf mehrmalige Aufforderung eines Kollegen liest Adrian Bergers Veröffentlichung, überzeugt sich durch eigene Versuche von der Richtigkeit der Experimente und startet mit dem EEG eine Weltkarriere.[144] Mit dem Nobelpreis, den er 1932 gemeinsam mit seinem Landsmann Sir Charles Scott Sherrington erhielt, und geradezu sagenhaften neunundzwanzig Ehrendoktorwürden im Rücken hatte er die nötige Autorität, um auf internationaler Ebene wahrgenommen zu werden. Besonders in den Vereinigten Staaten. In spektakulären Vorträgen zeigt Adrian den Kollegen, wie sich seine Hirnkurven beim Kopfrechnen verändern, und löst einen wahren Boom in Übersee aus. In kurzer Zeit bilden sich so viele Forschergruppen zum EEG, dass der Internationale Neurologie-Kongress von 1935 eine eigene EEG-Sektion bilden muss, um die Fülle der Untersuchungsergebnisse entsprechend würdigen zu können. Die weiter als in Europa entwickelte Nachrichtentechnik und die freigiebige Rockefeller Foundation sind die beiden entscheidenden Einflussfaktoren für das Aufblühen der EEG-Landschaft in den USA.

Allein der Traum von der Entzifferung der Schrift des Gehirns geht nicht in Erfüllung. Die Kurven geben weder Aufschluss darüber, wie das Gehirn eingehende Signale verarbeitet, noch weisen sie den Weg zu den Mechanismen, mit denen in der Großhirnrinde die höheren geistigen Fähigkeiten wie Sprachmächtigkeit oder Handlungsplanung entstehen. Ganz zu schweigen von Erkenntnissen darüber, wie sich Bewusstsein herausbildet. Letztlich beweist das EEG nur, was bereits bekannt ist: Im Gehirn fließt Strom. Neu ist lediglich die Einsicht, dass die Neurone trotz der Vielzahl der Aufgaben, die unter der Schädeldecke gelöst werden, auf eine nicht nachvollziehbare Weise in gleichmäßigen Rhythmen schwingen.

Das Gewitter der Neurone

Die Hirnstromableitungen entfalten allerdings erhebliches diagnostisches Potential, da nun auf breiter Front Störungen aller Art auf ihren Wellencharakter hin untersucht werden können. Geistige wie körperliche Erkrankungen stehen im Zentrum der Ableitungen. Durch die Arbeiten des amerikanischen Neurologen-Ehepaars Frederic (1903–1992) und Erna Gibbs (1904–1987) sowie William Lennox (1884–1960) kann auf Grundlage von EEG-Untersuchungen die Ursache der Epilepsie erklärt werden. Das religiöse Zeichen der Besessenheit, das mit Teufelsaustreibung und Schlimmerem behandelt wurde, verwandelt sich durch das EEG in eine gut zu diagnostizierende hirnelektrische Krankheit.

In der Folgezeit sagt Lennox jedoch nicht nur der Epilepsie, sondern auch den Epileptikern selbst den Kampf an und plädiert für eugenische Maßnahmen. Gegenüber der Rockefeller Foundation rechnet der Großmeister im Einwerben von Mitteln auf, »wieviel Geld sich für die Forschung gewinnen ließe, wenn die 10 000 ›hoffnungslosen Fälle‹ liquidiert«[145] würden. Demnach gebe die US-amerikanische Gesellschaft im Jahr 1936 zwar zwölf Millionen Dollar für die Versorgung von schwerkranken Epileptikern, aber nur 25 000 Dollar für die Forschung zu diesem Krankheitsbild aus.

Mit seinen Vorschlägen nähert sich Lennox verdächtig der etwa zur selben Zeit betriebenen Euthanasiepraxis der Nationalsozialisten an. Glücklicherweise fallen die Anregungen von Lennox, der sich nebenbei bemerkt diesem Forschungsgebiet verschrieben hat, weil seine eigene Tochter an Epilepsie leidet, auf wenig fruchtbaren Boden. Nicht auszudenken, zu welch trauriger Berühmtheit der amerikanische Psychiater gekommen wäre, hätte er in Hitler-Deutschland geforscht. Epileptiker sind durch das EEG zu gläsernen Menschen geworden, deren Leiden der Experte mit seinem Gerät in zwanzig Minuten weitgehend erkennen kann. Dass aus der EEG-Krankenakte nicht grundsätzlich eine Todesakte wird, ist eher historischen Zufällen zu verdanken.

Der kanadische Hirnchirurg Wilder Penfield (1891–1976) dringt zur Bekämpfung der Epilepsie unter die Schädeldecke vor. Während einer Wachoperation – in lokaler Anästhesie, aber bei vollem Bewusstsein – leitet er mit dem EEG Ströme vom schmerzfreien Hirn ab, um die Epilepsieherde zu identifizieren. Bevor er sie schließlich operativ entfernt, stimuliert er die betreffenden Bereiche des Gehirns auf elektrische Weise und lässt sich von seinen Patienten schildern, was sie empfinden. Als einige ihm von Seheindrücken, Körperempfindungen, Hörerlebnissen, Träumen und Erinnerungen berichten, treibt er die Untersuchungen voran. Besonders zuverlässig reagiert die Region um die Zentralfurche der Großhirnrinde herum, die etwa in der Mitte der rechten und linken Hemisphäre liegt und den Stirn- vom Scheitellappen trennt. Erregt Penfield diese mit geringen elektrischen Strömen, löst er auf der einen Seite Bewegungen aus, stimuliert er den gegenüberliegenden Bereich, berichten seine Patienten von Tastempfindungen. Als Penfield die Ergebnisse dieser Experimente gemeinsam mit den kanadischen Neurowissenschaftlern Herbert Jasper (1906–1999) und Theodore Rasmussen (1910–2002) systematisiert, kann er je eine Körperkarte für den sensorischen wie für den motorischen Bereich aufstellen. Von den Zehen bis zu den Augen ist der gesamte Körper des Menschen im Bereich der Zentralfurche repräsentiert. Allerdings mit verzerrten Proportionen. Gemäß ihrer Relevanz für die Selbstwahrnehmung sind Hand und Mund überdimensional groß, Schultern und Rumpf dagegen eher klein. Für diese Hirnkarten bürgert sich die Bezeichnung Homunkulus ein, was so viel wie »Menschlein« bedeutet.

Auch bei Hirntumoren liefert das EEG wertvolle diagnostische Impulse. In der Nähe von Wucherungen treten untypische, sehr langsame Schwingungen (Delta-Wellen) auf, mit deren Hilfe man die Erkrankung feststellen und den Herd eingrenzen kann. In der Transplantationsmedizin wird das EEG ebenfalls wichtig, als Kriterien für die Bestimmung des Todeszeitpunkts gesucht werden. 1968 nimmt die Harvard Medical School die hirnelektrische Stille in den Katalog der Todeskriterien auf. Dabei geht man davon aus, dass ein dreißigminütiges Null-Linien-EEG das unumkehrbare Absterben weiterer Neuronengebiete im Hirn und damit das Ende der Hirnfunktionen anzeigt. Ist dies der Fall, kann laut aktuellen Empfeh-

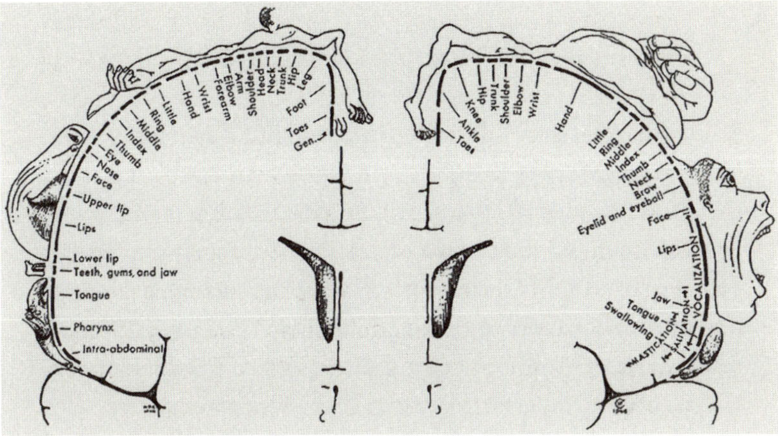

Das Menschlein im Menschen – auf diese Weise wird der Körper im Hirn gespiegelt. Die Größenverhältnisse entsprechen dabei der Wichtigkeit für die Sensorik (links) und die Motorik (rechts).

lungen der Deutschen Gesellschaft für Klinische Neurophysiologie und Funktionelle Bildgebung »der Hirntod ohne weitere Beobachtungszeit festgestellt werden«.[146]

Wie das Hirn zum Computer wird

Dem vorsokratischen Philosophen Heraklit (520–460 v. Chr.) wird das Diktum zugeschrieben, nach dem der Krieg »aller Dinge Vater, aller Dinge König«[147] sei. Für die Technologie-Entwicklung während und nach dem Zweiten Weltkrieg mag das in besonderem Maße stimmen. Die deutschen Ingenieure und Wissenschaftler laufen zur Hochform auf und stampfen in kürzester Zeit ein Raketenprogramm aus dem Boden, das Hitler seine Wunderwaffe V2 bringt; zugleich leisten die vielen vertriebenen jüdischen Geistesgrößen in Übersee einen unschätzbaren Wissenstransfer. Der Hirnforschung nötigt der Krieg Ideen für ein anderes Einsatzgebiet des EEGs ab, in deren Folge eine völlig neue Konzeption des Hirns und eine weitere Metapher für die denkende Materie entstehen.

Als 1940 der deutsche Luftkrieg gegen England beginnt, fliegen die Kampfflugzeuge auf immer höhere Bahnen bis zu siebentausend Metern, um der gegnerischen Luftabwehr zu entgehen. Dabei zeigen die Piloten merkwürdige Symptome, die als Höhenrausch bekannt werden. Euphorie, aber auch Lethargie gehören ebenso dazu wie plötzlich einsetzende Bewusstlosigkeit. Rasch ist das in der Höhenluft veränderte Stickstoff-Sauerstoff-Verhältnis als Auslöser der Beschwerden gefunden, das man zu Experimentierzwecken im Labor gut simulieren kann. Das Berliner Kaiser-Wilhelm-Institut für Hirnforschung nimmt unter dem Neuropathologen Hugo Spatz (1888–1969), Nachfolger von Oskar Vogt, ab 1941 an einem von der Deutschen Forschungsgemeinschaft finanzierten Projekt teil, in dem der Einfluss des Sauerstoffmangels auf die Hirnrinde untersucht werden soll. Im Rahmen dieser Studien führt der Physiologe Alois Eduard Kornmüller (1905–1968) EEG-Ableitungen bei den »Versuchsmännern« durch. Ein Euphemismus der Wissenschaftler für jene KZ-Häftlinge, an denen sie den Höhenrausch der Bomberpiloten simulieren. Die Menschenversuche zeitigen rasch Resultate. Bei zunehmender Bewusstseinstrübung tauchen langsamere Rhythmen im EEG auf. Treten Frequenzen unterhalb von sieben Hertz auf, beginnen erste Störungen der Hirnrinde, die jedoch den Zwangsprobanden subjektiv erst einmal noch nicht bewusst werden, »während die 3 Hz-Schwankungen als Ausdruck schwerer Beeinträchtigungen des gesamten Großhirns zu werten sind«.[148]

Kornmüller kommt nach Sichtung seiner Ergebnisse eine Idee. Wenn es gelänge, ein EEG-Gerät mit einer fest eingestellten Frequenz zu bauen, das Alarm schlägt, sobald die Wellen unter den gefährlichen Schwellenwert von sieben Hertz gehen, könnte man ein Frühwarnsystem für die Piloten entwickeln. Er experimentiert mit speziellen Elektroden aus Kunststoff mit feinem Metallüberzug, die in den Fliegerhauben so angebracht werden, dass sie die elektrischen Signale des Hirns zwischen Stirn und Ohr abgreifen. Im Labor gelingt es, das EEG als Indikator des Höhenrausches einzusetzen. Eine Verwendung in den Bombern der deutschen Luftwaffe steht allerdings nicht in Aussicht, aus Platz- und Gewichtsgründen ist die Installation der dafür notwenigen Schaltschränke in den Flugzeugen unmöglich. Ein handlicher EEG-Detektor muss her. Bis Kriegsende sitzt Kornmüller an der Entwicklung eines solchen Geräts.

Als die Amerikaner in Deutschland einmarschieren, interessieren sie sich besonders für die deutsche Kriegstechnologie und überführen letztlich weite Bereiche in der »Operation Paperclip« in die USA. So gelangt auch Kornmüllers Idee über den Atlantik, wo sie punktgenau zu einer völlig neuen Konzeption des Hirns passt. Denn der EEG-Detektor arbeitet auf ganz besondere Weise. Als Frühwarnsystem überwacht er das Hirn des Piloten und alarmiert ihn über den kritischen Zustand seines Bewusstseins, bevor sein Bewusstsein davon etwas merkt. Hier wird also eine Rückkopplungsschleife des Hirns mit sich selbst über ein elektrisches Modul angelegt, die dem Anwender etwas erfahrbar macht, das seinen Sinnen verborgen bleibt. Insofern bezeichnet der Wissenschaftshistoriker Cornelius Borck (*1965) »Kornmüllers Box« mit gutem Recht als »Sinnesprothese«.[149] Das Hirn funktioniert somit nicht nur auf – noch zu klärende – elektrische Weise, sondern es ist selbst in elektrische Regelkreise eingepasst. Es wird zur kybernetischen Maschine.

Können Computer denken?

Die Kybernetik entspringt ebenfalls den Bedürfnissen des Militärs. Norbert Wiener (1894–1964), einer der Väter dieser neuen Wissenschaftsrichtung, befasst sich im Zweiten Weltkrieg mit der Modellierung der Steuerungsprozesse bei Flugabwehrsystemen. Das Elektrotechnikunternehmen Western Electric stellt zu diesem Zweck einen ersten Rechenautomaten her, der durch die Anwendung mehrerer logischer Operationen dazu verhelfen sollte, feindliche Bomber vom Himmel zu schießen, indem er ihre Flugbahn prognostiziert. Rasch bürgert sich die Bezeichnung »Computer« ein für dieses Gerät, das scheinbar denken kann. Schon jetzt löst es zumindest bestimmte mathematische Aufgaben schneller und zuverlässiger als ein Mensch. Außerdem arbeiten die Röhren und die Verschaltung in diesen Superrechnern mit Elektrizität. Anders als beim Telegraphen, den du Bois-Reymond noch als Metapher für das Gehirn mit seinem Nervensystem bemühte, fließt in diesen Computern andauernd Strom, während für das Morsealphabet ein ständiges An- und Ausschalten nötig war. Hans

Berger konnte mit seinen EEG-Ableitungen auch für das Hirn das kontinuierliche Vorhandensein von Elektrizität im Kopf zeigen. Wann immer man die Elektroden auf der Kopfhaut verteilte, bekam man verschieden schnell schwingende Wellen. Im Hirn herrscht elektrischer Dauerbetrieb. Offensichtlich verfährt die biologische Schaltungstechnik der Neurone nach einem ähnlichen, wenn nicht gar nach demselben Prinzip wie die elektronische der Röhren im Computer. Bot sich da nicht eine neue Metapher für das Hirn an?

Zumal die amerikanische Macy Foundation für ein erstes großangelegtes interdisziplinäres Projekt unter dem Thema »Feedback Mechanism and Circular Causal Systems in Biology an the Social Sciences« Computerforscher, Steuerungsexperten und Sozialwissenschaftler mit Neurophysiologen zusammenbringt. Bei diesen Konferenzen taucht auch der österreichische Physiker Heinz von Foerster (1911–2002) auf, der zwar über einen geradezu funkensprühenden Geist, jedoch lediglich über einen englischen Wortschatz von zwanzig Vokabeln verfügt. Als das Gremium entscheidet, ihn beim Englischlernen zu unterstützen, indem man ihn zum Sekretär macht, soll der Neuankömmling nach eigenem Bekunden in seiner ersten Amtshandlung darum gebeten haben, den für ihn unaussprechlichen Titel durch das Wort »Cybernetics« zu ersetzen, das der die Konferenz leitende Neuropsychologe Warren McCulloch (1898–1969) in seinen Arbeiten wiederholt verwendete. Seiner Bitte wurde mit Heiterkeit entsprochen.

Die Kybernetiker entwickeln ihr Fach zu einer Universalwissenschaft, mit dem Anspruch, alle Regelungsprozesse zu erklären. Dabei macht es keinen Unterschied, ob es sich um Flakgeschütze, Maschinen, Computer, Gehirne, menschliche oder tierische Gemeinschaften handelt. Von den jeweiligen Besonderheiten wird abstrahiert, um die allgemeinen Mechanismen der Steuerung in den Blick zu bekommen. Dazu zählt beispielsweise der Effekt des negativen Feedbacks, der all die unterschiedlichen Systeme verbindet. Alle Regelungseinheiten, die »teleological behavior«, also zielorientiertes Verhalten, an den Tag legen, werden »by negative feed-back«[150] kontrolliert. Wann immer ein System seinen momentanen Zustand, im kybernetischen Sprachgebrauch den Istwert, auf einen angestrebten Zustand, den Sollwert, hin verändert, verhält es sich absichtsvoll. Der Weg zum Ziel besteht aus kybernetischer Sicht darin, die Differenz zwischen Ist- und Sollwert mittels einer Feedbackschleife zu verringern. Da der Unterschied kleiner werden muss, führen die Kybernetiker für diesen Vorgang den Begriff »negatives Feedback« ein. Entscheidungsfindungen in modernen Demokratien werden nach diesem Prinzip gesteuert, auch der Abschuss feindlicher Bomber oder die Prozesse im Gehirn, ob deren Ergebnis nun eine Sinneswahrnehmung, eine Handlung oder ein Gedanke sei. Ein einfaches Beispiel für die Verhaltenssteuerung über negatives Feedback liefert der häusliche Kühlschrank, der zielgerichtetes Verhalten an den Tag legt, indem er seinen Temperatur-Istwert auf den eingestellten Sollwert hin durch das Anwerfen seiner Kühlaggregate verändert, bis ihm das Feedback anzeigt, dass die Differenz der beiden Werte entsprechend der eingebauten Toleranzbedingungen hinreichend gering ist.

Als Arbeitsprinzip verwendet die Kybernetik das sogenannte Blackboxing. Der Untersuchungsgegenstand interessiert in seinen Einzelheiten nicht und kann deshalb im wörtlichen oder übertragenen Sinn in eine schwarze Schachtel gesetzt werden. Das Fragen danach, was im Inneren des Objekts wirklich geschieht, stellt der Kybernetiker hintan. Im Vordergrund seiner Untersuchungen stehen das Schema und das Modell. Das kommt einer erkenntnistheoretischen Revolution gleich, denn die herkömmliche Vorgehensweise der Naturwissenschaften im Allgemeinen und der Hirnforschung im Besonderen bestand darin, einen Zusammenhang zwischen Struktur und Funktion zu suchen. So hatte es Descartes vorgemacht, als er der Zirbeldrüse ihrer Form wegen die Funktion der Interaktion zwischen Leib und Seele zuschrieb, so praktizierte es Thomas Willis, als er die Großhirnrinde für zu mächtig erklärte, um sie mit reinen Versorgungsaufgaben für die Ventrikel beschäftigt zu sehen. Selbst Korbinian Brodmann ging noch in dieser Weise vor, als er die Großhirnrinde nach Arealen absuchte, die sich hinsichtlich ihrer Zellarchitektur unterscheiden. Auch wenn er den einzelnen Bereichen keine Funktionen zuwies, bereitete er doch den Boden dafür, dass es andere Hirnforscher nach ihm – bis heute – tun können. Selbstredend gab es auch die umgekehrte Strategie, aus einer Funktion auf die Form zu schließen. Franz Gall etwa ging nach dieser Methode vor.

Die Kybernetik jedoch verändert die Perspektive des Forschers auf sein Objekt radikal, indem sie ihren Untersuchungen keinerlei Beziehung zwischen Struktur und Funktion – egal in welcher Richtung – zugrunde legt. Ihr geht es ausschließlich um die Funktion. Die Fragen nach dem Wo, Wann, Wer, Was und Wie, die in der Wissenschaftsgeschichte gestellt wurden, reduziert die Kybernetik auf die letztere. Es ist nur noch von Interesse, *wie* etwas gemacht wird. Weder die zugrundeliegenden Strukturen noch das Medium, innerhalb dessen sich die Funktion realisiert, haben noch Bedeutung. Deshalb spielt es für den Kybernetiker auch keine Rolle, ob sich eine spezielle Funktion in Computern oder Nervenzellen offenbart. Man kann diese Aussage sogar umdrehen und sagen: Der Kybernetiker geht davon aus, dass sich in Rechenmaschinen und Neuronen dieselben Prozesse abspielen, da beides informationsverarbeitende Systeme sind.

In der Hirnforschungslandschaft wirken die Ideen der Kybernetik wie ein Befreiungsschlag. Zu lange schon stecken die Neurowissenschaftler in der lokalisationistischen Sackgasse der Funktionszuschreibung für bestimmte Strukturen fest. Da wirkt die Herangehensweise von McCulloch und dem

Logiker Walter Pitts (1923–1969) geradezu erlösend, wenn sie den »logical calculus of the ideas immanent in nervous activity« aufzeigen.[151] Nach kybernetischer Manier verzichten die beiden in ihren Schemata auf anatomische oder strukturelle Besonderheiten und stellen die Neurone als spitz zulaufende Dreiecke mit dynamisch nach innen gebogenen Seitenflächen dar. Diesen Gebilden sprechen sie die grundsätzlichen Funktionen der Nervenzellen zu, die darin bestehen, eine Erregung oder eine Hemmung zu erzeugen. Das genügt McCulloch und Pits, um drei Operationsmodi für eine grundsätzliche Funktionslogik der Neuronenverbindungen aufzustellen. Ihr Modell arbeitet ohne weiteren Bezug auf bekannte Fakten und setzt der Abstraktion halber, man könnte auch sagen willkürlich, eine Erregungsschwelle von 2 an. Das bedeutet, sobald zwei Synapsen an ein nachgeschaltetes Neuron senden, kann die Erregung weitergegeben werden.

Im nächsten Schritt schalten die Kybernetiker drei Neurone tatsächlich auf dem Papier zusammen, wobei die Nervenzellen A und B mit jeweils zwei Synapsen am nachgeschalteten Neuron C andocken. Nun genügt die Aktivität eines der beiden Neurone, um den Schwellenwert 2 zu erhalten, der in diesem kybernetischen Modell für die Weitergabe der Erregung an ein nachgeschaltetes Neuron erreicht sein muss. Das heißt, jedes der beiden Neurone, A *oder* B, kann allein die Erregung von C bewirken. Somit wäre im kybernetisch modellierten Nervensystem die Möglichkeit einer ODER-Schaltung nachgewiesen. Docken die Neurone A und B dagegen mit jeweils nur einer Synapse an C an, müssen beide aktiv sein, damit der Schwellenwert 2 erreicht und die Erregung an das nachgeschaltete Neuron C weitergegeben werden kann. Hier handelt es sich um eine UND-Schaltung. Wenn schließlich das Neuron A zwei erregende Synapsen am Neuron C ausbildet, während das Neuron B dort eine hemmende Synapse platziert, kann der Wert von 2 nur erreicht werden, wenn A aktiv und B inaktiv ist. Sobald B seine hemmende Funktion ausführt, vermindert sich der Wert von 2 auf 1, sodass auf das nachfolgende Neuron C keine Erregung übertragen werden kann. Damit ist die NICHT-Schaltung beschrieben.

McCulloch und Pits können zeigen, in welcher Weise im Nervensystem dieselben logischen Grundoperationen ausgeführt werden wie im Computer. Allerdings demonstrieren sie das an einem von ihnen entwickelten Modell, das aus der Hirnforschung die Begriffe und aus der Mathematik die Logik entlehnt. Gestützt auf diese formallogische Formulierung der Erregungsvorgänge im Nervensystem kommt es zu einer Ausnahme in der Metaphernkunde der Hirnforschung. Die Kybernetiker gehen über das Prinzip zur Veranschaulichung des Unbekannten hinaus, indem sie das für die Versinnbildlichung entscheidende Wie streichen. Für sie funktioniert das Gehirn nicht nur wie ein Computer, sondern es *ist* ein Computer, weil es seine Operationen nach denselben logischen Regeln vollzieht. Diese Gleichsetzung muss dem an den Werten von Christentum und Humanismus orientierten Menschenbild als eine narzisstische Kränkung vorkommen. Doch dem an formaler Logik und Funktionsanalyse geschulten kybernetischen Verstand ist das provokative Potential möglicherweise gar nicht bewusst, da seine Methode in der Abstraktion von Einzelheiten, Strukturen und Formen gründet.

Mit der Gleichsetzung von Maschine und Gehirn stellt sich die Frage, ob Computer wirklich denken können, wobei für die Kybernetiker vielleicht die Frage interessanter scheint, ob Menschen wirklich denken können. Denn ab einer hinreichenden logisch-mathematischen Problemtiefe steigen die menschlichen Gehirne schon aus, bevor die technischen auch nur warm werden. Der britische Informatiker und Vordenker der Computerwissenschaft Alan Turing (1912–1954) entwirft 1950 schließlich einen nach ihm benannten Test, mit dem man feststellen kann, ob Computer eine künstliche Intelligenz entwickeln, die der menschlichen ebenbürtig ist. Er legt folgendes »imitation game«[152] an: Ein Mann und eine Frau sitzen abgeschirmt vor einer Tastatur mit Bildschirm. Eine dritte Person, die weder Sicht- noch Hörkontakt zu den beiden Spielteilnehmern hat, bekommt nun die Aufgabe, herauszufinden, wer der Mann und wer die Frau ist. »What will happen when a machine takes the part of A in this game?« – das ist die für Turings Test entscheidende Frage. A ist bei ihm der Mann, doch das Geschlecht spielt keine Rolle. Es könnte ebenso gut die Frau gegen den Computer ausgetauscht werden. Wichtig an der Konstellation ist lediglich, dass ein Mensch und ein Computerprogramm von einer Person befragt werden, die zwar die Antworten der beiden Kandidaten auf ihrem Bildschirm lesen kann, aber keinerlei sinnliche Informationen erhält. Die beiden Kandidaten bemühen sich nun – mit ihren jeweiligen Mitteln –, den »interrogater« davon zu überzeugen, dass sie einen menschlichen Geist besitzen. Kann der Fragesteller letztlich nicht entscheiden, wer von seinen beiden virtuellen Gegenübern der Mensch und wer das Computerprogramm ist, besteht die künstliche Intelligenz den Turing-Test und beweist somit, dass sie denken kann.

Alan Turing besitzt großes Vertrauen in die Fähigkeiten der Computer und prognostiziert, dass um das Jahr 2000 ein durchschnittlicher Befrager »will not have more than 70 percent chance«[153] für die Identifikation einer künstlichen Intelligenz bei seinem Test, 30 Prozent hingegen würden den Computer für einen Menschen halten. Diese Voraussage des Computertheoretikers kam der Realität erstaunlich nahe. Als im Jahr 2008 die Universität von Reading sechs künstliche Intelligenzen zu einem Turing-Test einlud, erreichte der Sieger immerhin eine Quote von fünfundzwanzig Prozent. Ein Viertel der Befrager konnte also keinen Unterschied mehr zwischen Mensch und Computerprogramm bemerken. Turing selbst durfte dieses Ereignis – wie viele andere – nicht mehr erleben. Turing wurde der Homosexualität überführt, die im Vereinigten Königreich Großbritannien zu seinen Lebzeiten unter Strafe stand, und zur chemischen Kastration verurteilt. Die Hormon-Rosskur stürzte ihn in eine tiefe Depression, von der er sich 1954 – gerade einundvierzig Jahre alt – durch Suizid erlöste.

Der Turing-Test bleibt letztlich aber genau das »imitation game«, als das es sein Urheber konzipiert hat. Selbst wenn es künstliche Intelligenzen gäbe, deren Erfolgsrate bei hundert Prozent läge, wäre damit kein Beweis für die Gleichwertigkeit oder gar Überlegenheit des Geistes aus der Maschine gegenüber dem menschlichen Bewusstsein erbracht. Ebenso wenig kann man Papageien, die einige Phrasen der menschlichen Sprache nachahmen können, Sprachmächtigkeit zugestehen. Probleme mit der Gleichsetzung von Mensch und Computer werden auch aus den eigenen Reihen der Kybernetiker laut. So fragt Heinz von Foerster, der wegen seines virtuosen Denkens in Paradoxien als moderner Sokrates apostrophiert wurde, ob denn ein Gehirn überhaupt ein Gehirn verstehen könne? Da man für das Verständnis einer Sache einen höheren Komplexitätsgrad als die Sache selbst besitzen muss, hätte man mit einem Gehirn, das sich selbst verstanden hat, eine komplexere Struktur als die des Gehirns – und somit kein Gehirn mehr. Wenn man jedoch aus prinzipiellen Gründen das Gehirn nicht versteht, wie kann man dann dessen Intelligenz auf dem Computer nachbauen?

Wie das EEG den menschlichen Charakter erkennt

In ähnlicher Weise argumentiert der theoretische Physiker Roger Penrose (*1931) aus Großbritannien: Wenn das Gehirn ein Computer wäre, so müssten sich die Funktionen des Hirns, wie die des Computers, durch ein formales System beschreiben lassen. Kurt Gödel (1906–1978) aber hatte erkannt, dass in jedem formalen System mathematische Sätze vorkommen, die innerhalb des Systems nicht beweisbar sind. Wenn also menschliches Erkenntnisvermögen einem formalen System wie dem des Computers entspräche, wäre die Wahrheit mehrerer Sätze, auf denen das menschliche Denken aufbaut, nicht durch ebendieses Denken zu erschließen. Ein formales System kann somit keine erschöpfende Beschreibung der Gehirnvorgänge liefern. Das lässt nur *eine* Schlussfolgerung zu: Das Gehirn ist kein Computer.

Norbert Wiener hingegen interessieren all die erkenntnistheoretischen Einsprüche wenig. Er will Fakten sprechen lassen. Das EEG scheint ihm ein geeignetes Mittel, um die Identität von Computer und Hirn aufzuzeigen. So entwirft er ein vom Rechenaufwand her äußerst anspruchsvolles mathematisches Verfahren, mit dem er die Häufigkeit der im EEG vorkommenden verschiedenen Frequenzen erheben kann. Das Ergebnis dieser Analyse, das den Zentralrechner am Massachusetts Institute of Technology heiß laufen lässt, soll die Haupttaktfrequenz des Gehirns ergeben. Mit ihm meint Wiener den »Rosetta Stone«[154] des Gehirns in Händen zu halten. Wie es mit dem Stein von Rosette gelang, die ägyptischen Hieroglyphen zu entziffern, so ist Wiener überzeugt, von der Frequenz des Hirns her die Eigenheiten des neuronalen Computerprogramms im Kopf entschlüsseln zu können. Tatsächlich bekommt er ein Frequenzmaximum bei 9,05 Hertz. Wiener ist begeistert und glaubt nachgewiesen zu haben, dass Gehirne wie Computer mit einer Hauptfrequenz getaktet sind. Der charismatische Kybernetiker legt sofort ein Forschungsprogramm zur Untersuchung der herrschenden Frequenzen in den Hirnen von Genies auf. Er kann Albert Einstein (1879–1955) für die Aufzeichnung seines EEGs gewinnen. Ansonsten sucht er eher in den eigenen Reihen nach Genies und nimmt schließlich den Mathematiker John von Neumann

(1903–1957), dem die Informatik unter anderem die binäre Arbeitsweise mit Nullen und Einsen verdankt, in die Studie auf. Und – klarer Fall – sich selbst.

Darüber, wie der Hirnkurven-Wettstreit der Giganten ausgegangen ist, gibt es jedoch keine aussagekräftigen Zeugnisse. Möglicherweise trat zunehmend deutlich zutage, dass nicht alles, was machbar ist, auch automatisch Sinn ergibt. Norbert Wiener konnte mit seiner Analyse des Frequenzmaximums letztlich nur beweisen, dass mathematische Methoden die Feststellung eines Frequenzmaximums in EEG-Kurven ermöglichen. Den Stein der Weisen beziehungsweise den von Rosette für die Entschlüsselung der Schrift des Gehirns fand er auf diesem Wege jedoch nicht, woraufhin er das Arbeitsgebiet der EEG-Forschung rasch wieder verließ.

Trotzdem haben Wieners Experimente einen Nachhall. Ähnlich, wie Johann Caspar Spurzheim mehr als hundert Jahre zuvor die Gall'sche Schädellehre zur Phrenologie ausweitete und in den USA damit auf zählbares Interesse stieß, ist es nun der britisch-amerikanische Neurophysiologe Grey Walter (1910–1977), der die Frequenzanalyse des EEGs markttauglich macht. Walter konstruiert ein Gerät, das lediglich die Alpha-Wellen im EEG analysiert und die anderen Frequenzen unberücksichtigt lässt. Bei seinen Untersuchungen fallen ihm drei wiederkehrende Muster auf, woraufhin er die Probanden in R-, M- und P-Typen einteilt. R steht für »responsive«, aufgeschlossen. Menschen dieses Typs zeigen im Ruhezustand einen ausgeprägten Alpha-Rhythmus, der sofort verschwindet, sobald sie geistig tätig werden. Bei M-, also Minus-Typen, hingegen treten überhaupt keine Alpha-Wellen auf. Das P für die Bezeichnung des dritten Tys bedeutet »persistence«, Beharrlichkeit. Im EEG dieser Probanden treten durchgehend Alpha-Wellen auf, selbst während des Nachdenkens und sogar, wenn sie ihre Augen öffnen. Die Gehirne dieser drei Typen differenziert Walter nach ihrer Arbeitsweise. Dafür nimmt er den Umweg über das Visuelle und behauptet, dass die Aktivierung des bildlichen Vorstellungsvermögens die Alpha-Wellen blockiert. Demnach greift Typ R beim Denken hin und wieder auf visuelle Vorstellung zurück, Typ M denkt fast ausschließlich in Bildern, während Typ P gar keine Visualisierung benötigt, also rein abstrakt denkt.

Walter leitete aus seiner Typologie weitreichende Konsequenzen für alle Lebensbereiche ab und forderte die Anwendung besonders im Rahmen der Berufsberatung und der Partnerwahl. Er selbst ging jedoch nur zum Teil mit gutem Beispiel voran. Solange er mit einer Frau zusammenlebte, die laut seiner Alpha-Wellen-Analyse dieselbe Art des Denkens hatte wie er, betonte Walter, wie wichtig der Gleichklang sei. Nachdem diese Beziehung jedoch gescheitert war und er sich in eine Frau entgegengesetzter Denkungsart verliebte, wusste er den Reiz der Unterschiede gar nicht genug zu würdigen. Walters Methode erlangte in der von den Allmachtsphantasien der Kybernetik geschwängerten Episode der Neurowissenschaft einige Popularität, verschwand dann jedoch rasch wieder von der Bildfläche der Tools, mit denen Menschenhirne behandelt wurden, als seien sie Computer.

Was Computer sehen

McCulloch und Pits legten mit ihren Regeln, nach denen sie Neurone zu logischen Operationen verbanden, die Grundlage für eine neue Betrachtungsweise des Nervensystems. Die Zellen im Gehirn sollten sich untereinander verschalten und neuronale Netze ausbilden, mit denen dann die verschiedenen Funktionen bewerkstelligt werden konnten. Als Modell dienten auch hier der Computer und seine Software. Wie die einzelnen Schritte in den Programmen, so fügten sich auch die Neurone zusammen.

Eine bestechend einfache Regel dafür, wie sich Nervenzellen verbinden, stammt von dem kanadischen Psychologen Donald Olding Hebb (1904–1985). Die amerikanische Neurowissenschaftlerin Carla Jo Shatz (*1947) verdichtete die Hebb'sche Regel auf den Merksatz: »Cells that fire together wire together.«[155] (»Zellen, die gemeinsam feuern, verdrahten sich.«) Diese Idee beschreibt den Netzbildungsprozess als einen dynamischen Vorgang. Demnach werden die Neurone nicht auf eine bereits bei der Geburt festgelegte Weise verschaltet, sondern folgen bis zu einem gewissen Grad einer Eigenlogik. Sind Nervenzellen bereits miteinander verbunden und werden dann zur selben Zeit erregt, verstärkt sich ihre synaptische Verbindung. Auf diese Weise entstehen ganze Neuronenverbände, die man mit gutem Recht als Netz bezeichnen kann, da sich die gemeinsam feuernden Zellen untereinander bevorzugen.

Von eminenter Bedeutung ist die Hebb'sche Regel zur Erklärung von Lern- und Gedächtnisvorgängen. Sie beschreibt einen Prozess, der sich durchaus mit der Introspektion deckt. Wann immer man etwas lernt, verbindet man das mit dem, was zur selben Zeit auftritt: Wörter einer fremden Sprache mit Dingen oder Situationen, besondere Erlebnisse mit bestimmten Liedern. Oder der Hund in dem berühmten Experiment von Iwan Petrowitsch Pawlow (1849–1936) das Läuten der Glocke mit einer saftigen Fleischportion, was als Pawlow'sche Konditionierung bekannt wurde. Insofern bildet die Hebb'sche Regel das verbindende assoziative Lernen auf zellulärer Ebene ab.

Donald Hebb verdankt seine bis heute gültige Einsicht in die Grundstruktur der Lernprozesse im Hirn nicht Experimenten, sondern der genauen Beobachtung von Verhalten und Wahrnehmung. Wichtig zu bemerken ist an dieser Stelle, dass er nicht, wie man von der Begrifflichkeit her meinen könnte, an Camillo Golgi und die Retikularisten anschließt. Zwar verwendeten diese auch das Wort »Netz« beziehungsweise »Retikulum«, meinten damit jedoch genau das Gegenteil von dem, was Donald Hebb herausarbeitet. Während die Retikularisten das Netz als festgelegten Faserfilz ansahen, wird mit dem Begriff »neuronales Netz« eine gerade nicht vorherbestimmte Verdrahtungsart der Zellen untereinander beschrieben. Der Computer eignet sich hier erneut als Erklärungsmodell. Für die Retikularisten wäre die Software in allen Einzelheiten im Vorhinein festgelegt, jeder Schritt würde sich mit Notwendigkeit vollziehen. Prinzipiell wären die Möglichkeiten des Programms endlich. Demgegenüber würden die neuronalen Netze einem Programm entsprechen, das sich selbst schreibt, sobald Neurone aktiv sind. Ihr Spielraum ist damit grenzenlos, da sich immer wieder andere Konstellationen bilden und untereinander verstärken können. Hebb schließt mit seiner Konzeption also eher an Santiago Ramón y Cajal und seine Vorstellung von der Autonomie der Neurone an: Auf der Grundlage ihrer Eigenständigkeit verbinden sich die Zellen untereinander.

Die theoretische Begründung der neuronalen Netze liegt noch vor der exponentiellen Entwicklung der Computertechnik, die Mitte der 1950er-Jahre von Röhren auf Transistoren und integrierte Schaltkreise umsattelt. 1965 gießt der Computerspezialist und Mitbegründer der Firma Intel, Gordon Earle Moore (*1929), den stetigen Aufschwung seiner Branche in ein Gesetz, das seinen Namen trägt. Das Moore'sche Gesetz besagt, dass sich die Anzahl der Transistoren in den Computern jedes Jahr verdoppelt.[156] Doch das sind Geräte, die erst einmal nicht nach den Prinzipien neuronaler Netze funktionieren, sondern in denen vorformulierte Software bestimmte Funktionen ausführt. Wie reizvoll müsste es dagegen sein, über eine Computerarchitektur zu verfügen, die sich je nach gemachter Erfahrung gleichsam selbst programmiert, wie es offensichtlich bei den neuronalen Netzen der Fall ist. Dementsprechend schließt die Theorie neuronaler Netze zwei Arbeitsgebiete mit ein: ein praktisches, das Anwendungen in technischer Hinsicht entwickelt, und ein eher vergleichendes, in dem man sich mit neuronalen Netzen beschäftigt, um das Gehirn besser zu verstehen.

Die Konstruktion eines ersten selbstlernenden Computers gelingt dem amerikanischen Informatiker Frank Rosenblatt (1928–1971) im Jahr 1958. Dieses Gerät ist von den Träumen und Visionen der Neuroinformatik allerdings noch meilenweit entfernt. Es verfügt über einen Bildsensor, über den es ihm – nach einiger Übung – gerade einmal gelingt, einige Ziffern zu lesen. Die Differenz zwischen Anspruch und Wirklichkeit soll dem Forschungsgebiet erhalten bleiben. Zwar ist es im ersten Jahrzehnt des neuen Jahrtausends beispielsweise gelungen, neuronale Netze zu konstruieren, die selbstlernend Gesichtserkennung durchführen. Allerdings bleibt ihr Komplexitätsgrad im Vergleich zum Gehirn sehr gering. Sie brauchen, um gute Ergebnisse zu erzielen, möglichst frontale Aufnahmen mit vergleichbarer Belichtung. Und um aus dem Vorgehen dieser künstlichen neuronalen Netze etwas über die Funktionsweise des Gehirns zu lernen, taugen solche Anwendungen noch lange nicht. Denn die Gesichtserkennung erledigen die biologischen neuronalen Netze gleichsam nebenher. Für diesen winzigen Elementarprozess der Informationsverarbeitung benötigen sie außerdem keine stehenden Standardbilder, sondern finden sich in der gewaltigen Variationsbreite der bewegten Realität zurecht.

Auch die Hoffnungen, die Neuroinformatiker in leistungsfähigere Computer setzten, sollten sich letztlich nicht einlösen. Nicht, weil es keine superschnellen Computer gäbe, im Gegenteil. »Bisher hatten wir ja immer eine sehr gute Ausrede dafür, dass wir das Gehirn nicht im Computer nachbilden konnten, weil die Rechnerleistungen so gering waren. Seit neuestem kommen die besten Rechner an die Leistungen unseres Gehirns heran«, sagt der deutsche Neuroinformatiker Christoph von der Malsburg (*1940) im Jahr 2013 und konstatiert: »Im Augenblick stagniert unser Gebiet auf theoretischem Gebiet.«[157] Möglicherweise rächt sich heute der Bruch mit der Tradition der Hirnforschung, in der sich das herrschende Erklärungsmodell jeweils am technisch höchsten Standard der Zeit orientierte. Die Kybernetiker – und in ihrer Folge die Erforscher der künstlichen Intelligenz – trugen demgegenüber jedoch den allzu selbstbewussten Schlachtruf auf den Lippen, nach dem das Gehirn denselben Prinzipien gehorche wie der Computer. Wahrscheinlich geriet das gesamte Fachgebiet infolge dieser programmatischen Gleichsetzung menschlicher und computertechnischer Intelligenz in Schieflage. Angesichts der mageren Ergebnisse in Bezug auf das Verständnis des Gehirns ist es nicht weit hergeholt, das gesamte Projekt als stetes Voranschreiten auf einem Holzweg zu beschreiben.

Die Liaison von Geist und Gehirn

John Eccles, der gemeinsam mit Hodgkin und Huxley das Rätsel lösen konnte, wie sich die Erregung trotz eines Spalts zwischen den Neuronen von Zelle zu Zelle fortpflanzt, kam über Umwege zur Hirnforschung. In seiner australischen Heimat hatte Eccles Medizin studiert und war dann nach England gegangen. Dort promovierte er jedoch erst einmal zum Doktor der Philosophie – mit gerade sechsundzwanzig Jahren –, ehe ihn Sir Charles Sherrington an seinem Lehrstuhl für Physiologie der Universität in Oxford für die Neurowissenschaft erwärmte.

Eccles besitzt mit seinen physiologischen und philosophischen Kenntnissen die zwei entscheidenden Voraussetzungen, um das innerste Thema der Hirnforschung in den Blick zu nehmen. Am Ausgang des Mittelalters waren zwar unzählige Felder entstanden, auf denen immer mehr Wissen produziert wurde, doch die Suche nach dem Verhältnis von Geist und Gehirn, Leib und Seele, Bewusstsein und Materie blieb in der gesamten Geschichte der Beschäftigung des Menschen mit seinem Hirn der eigentliche Antrieb für diese Disziplin. Im Alltag gerät dieser Glutkern jedoch oft genug aus dem Blick, weil sich die Forscher aufgrund ihres naturwissenschaftlichen Ansatzes sehr viel mit Gehirn, Materie und Leib, aber kaum mit Geist, Seele und Bewusstsein beschäftigen. Zwar werden sie nicht müde zu betonen, dass die geistigen Phänomene eine materielle Grundlage haben, doch die Antwort darauf, welcher Art diese sein soll, bleiben sie schuldig.

Hier unterscheidet sich Eccles von seinen Kollegen. Ihn begeistert die Grundlagenforschung, für die er schließlich den Nobelpreis bekommen wird, ebenso sehr wie die Frage nach dem Bewusstsein, mit der er genuin philosophisches Terrain betritt. Einen ebenbürtigen Partner findet er dabei in dem Wiener Philosophen Karl Popper (1902–1994), der von seinem Fach aus wiederum einen Schritt in den Bereich der Naturwissenschaften gegangen ist, indem er die Beschaffenheit ihrer Erkenntnistheorie aufgezeigt hat. Entgegen ihrem Selbstbild schreitet sie nach Popper nicht auf einem geradlinigen Weg zur absoluten Wahrheit voran, sondern hangelt sich von einer Hypothese zur nächsten. Die einzig sichere Erkenntnis in diesem Prozess ist der Nachweis von Fehlern. Popper gibt Naturgesetzen den Stellenwert hypothetischer Vermutungen, die empirisch widerlegt, also falsifiziert werden können. Das Geschäft der Wissenschaft besteht Popper zufolge aus Vermutung und Widerlegung. Seine Wissenschaftslehre ist eine Verneinungstheorie, die davon ausgeht, dass Erkenntnis ein deduktiver Vorgang ist. Das heißt, die Wissenschaftler setzen Hypothesen in Form von Theorien in die Welt und schauen, ob und, wenn ja, wie lange sie sich bestätigen. Wie nah damit das Reale wirklich getroffen wird, kann niemand wissen. Gewissheit besteht auf dem Weg der Falsifikation lediglich darüber, welche Fehler in der Geschichte der Wissenschaft gemacht wurden. Alles Wissen ist, so gesehen, Vermutungswissen, das Gewusste steht immer unter Vorbehalt.

Popper und Eccles lernen sich bereits 1944 in Neuseeland kennen. Eccles forscht zu dieser Zeit an der südlichsten Universität der Welt, in Dunedin, Popper hält dort Gastvorlesungen zur Wissenschaftstheorie. Der Naturwissenschaftler mit philosophischem Hintergrund und der Mann, der später als der »größte Wissenschaftstheoretiker, der je gelebt hat« (Sir Peter Brian Medawar), bezeichnet wird, diskutieren ausführlich, freunden sich an. Das Band hält lebenslang. Nachdem beide von ihren Pflichten an der Universität befreit sind, schreiben sie ein Buch zusammen. 1977 erscheint es: *The Self and Its Brain*, in deutscher Ausgabe *Das Ich und sein Gehirn*.[158] Bereits der Titel, den die beiden für ihre wissenschaftlichen Verdienste von der britischen Königin geadelten Autoren wählen, verdeutlicht, wovon hier die Rede ist und in welcher Weise die Thematik behandelt wird. Es geht um das älteste Problem von Philosophie und Hirnforschung gleichermaßen, das Leib-Seele-Problem. Das »und« im Titel kommt dabei einer Ungeheuerlichkeit gleich. Denn dieses »und« legt eine Trennung von Gehirn und Geist beziehungsweise Ich nahe, wo doch die Hirnforschung einheitlich davon ausgeht, dass der Geist und das Ich vom Gehirn gebildet werden. Sollten Popper und Eccles tatsächlich dualistisch argumentieren, wo sich doch die Naturwissenschaftler auf den Monismus zubewegt haben?

Popper und Eccles erweitern die Grundunterscheidung zwischen Mentalem und Physischem um eine dritte Instanz. So gibt es für sie die Welt 1, in der alle physischen Dinge beheimatet sind. Dann den Bereich der psychischen Phänomene, die Welt 2, und schließlich die Welt 3, die das objektive Wissen beinhaltet. Mit »objektiv« ist in diesem Zusammenhang nicht »wahr« gemeint, sondern »außerhalb und unabhängig vom einzelnen Bewusstsein«. Die Welt 3 umgreift die Summe »der

Erzeugnisse des menschlichen Geistes«, jenes Wissen, das in den Bibliotheken der Welt gesammelt ist, sowie die kulturellen Schöpfungen.[159] Dazu zählen auch die wissenschaftlichen Theorien, egal ob sie noch Bestand haben oder ob sie bereits widerlegt worden sind.

Im Gegensatz zu Welt 3 und Welt 1 kann man die Inhalte der Welt 2 nicht objektivieren. Sie werden aus der Perspektive der ersten Person erlebt. Was ich fühle, denke, träume oder erinnere, ist Privatsache und dringt nur in Ausnahmefällen nach außen. Tut es das, verändert es sich allein dadurch, dass es in Sprache oder Handlung übersetzt wird. Von diesem Moment an gehört es nicht mehr zur Welt 2, sondern geht über in die Welt 3, gegebenenfalls auch in die Welt 1.

Die Darstellung der Vermittlung von Welt 2 und Welt 3 bereitet keine Schwierigkeiten. Hier lösen geistige Prozesse geistige Prozesse aus. Der Mensch empfindet, denkt nach und kommt auf Ideen, die zu Theorien, Erfindungen oder kulturellen Erzeugnissen führen. Schwieriger wird es jedoch, die Beziehung zwischen Welt 1 und Welt 2 – das eigentliche Leib-Seele-Problem – zu erklären. Denn das Gehirn gehört aufgrund seiner unbestreitbaren Materialität zur Welt 1, das Ich jedoch zur Welt 2. Wie also stehen diese beiden Wesenheiten miteinander in Beziehung? Popper und Eccles stützen sich hier ebenfalls auf eine Metapher. Demnach gestaltet sich das Verhältnis von Ich und Gehirn wie das Verhältnis von Computer und Programm. Die Hardware gehört zur Welt 1 und setzt die Neurone im Gehirn ins Bild, während die Software für die Welt 2 des Ichs steht. So wie Computer und Software zusammenarbeiten und dabei etwas Drittes bilden, interagieren auch Geist und Gehirn.

Seine Überlegungen stützt Eccles auf die Untersuchungen von Epileptikern, bei denen zur Linderung ihres Leidens der Balken zwischen den beiden Hirnhälften durchtrennt wurde. Diese Patienten konnten selbstbewusste Erfahrungen nur in Verbindung mit der jeweils dominanten Hemisphäre machen, die Eccles dementsprechend als Ort des Ichs bestimmt. Für die Interaktion der Wesenheiten aus verschiedenen Welten erklärt Eccles bestimmte Bereiche der Großhirnrinde für verantwortlich, die er Liaison-Zentren nennt. Dort tritt die Welt 1 der Neurone »in Liaison mit dem selbstbewussten Geist«.[160] »Hunderttausend oder mehr Zellen« besitzen nach Eccles diese Fähigkeit, die »wahrscheinlich« in den Brodmann-Arealen 39 und 40 sowie im Präfrontallappen sitzen. Hier soll der selbstbewusste Geist die neuronalen Aktivitäten abtasten und auslesen können, um schließlich die Einheit der Empfindung herzustellen. Zudem agiert das Ich an dieser ominösen Nahtstelle zwischen Materie und Bewusstsein in die Körperwelt hinein. Eccles schlägt vor, beispielsweise das Auffinden einer bestimmten Erinnerung als Prozess zu beschreiben, in dem der sich seiner selbst bewusste Geist in den neuronalen Mustern sucht und diese allein dadurch modifiziert. Das entspricht durchaus der Introspektionserfahrung, denn sobald man sich anschickt, Vergangenes wiederzufinden, tauchen auch andere Episoden aus dem Umfeld auf, die der Erinnerung insgesamt ein neues Gesicht geben.

Die speziellen Zellen der Großhirnrinde, die eine Liaison mit dem Geist eingehen, gruppieren sich nach Eccles in sogenannten »Moduln«. Darunter versteht er eigenständige Gruppen, zu denen sich jeweils etwa zehntausend Neurone zusammenschließen. Eccles' Moduln werden von den Neuroanatomen wegen ihres Baus auch kortikale Säulen genannt, da sie etwa einen Viertelmillimeter tief und drei Millimeter hoch sind. Sie sitzen auf der Oberfläche der Großhirnrinde. Wegen ihrer strukturellen Spezifik liegt es nahe, ihnen besondere Fähigkeiten zuzuschreiben.

Die Frage, wie nun aber der konkrete Mechanismus aussieht, aufgrund dessen Ich und Gehirn in Beziehung treten, ist durch die Verortung des Geschehens in den Moduln nicht beantwortet. Ihr widmet sich Eccles intensiv und unter Einbeziehung des hochkomplizierten, aus der Physik stammenden Denkgebäudes der Quantenmechanik. Diese Theorie wurde zur Beschreibung der weitestgehend kontraintuitiven Vorgänge in jenen Regionen entwickelt, die kleiner als ein Atom sind. Anders als in der makroskopischen Welt kann der Beobachter entweder den Ort oder die Geschwindigkeit eines subatomaren Teilchens, jedoch nicht beides zugleich bestimmen. Diese Unschärfe führt dazu, dass in der Quantenwelt sogar das Kausalitätsprinzip außer Kraft gesetzt ist und an seine Stelle die Stochastik tritt. Jede Form von Voraussage aufgrund des vergangenen Verhaltens eines quantenphysikalischen Systems wird unmöglich. Es gibt nur noch Wahrscheinlichkeiten. Außerdem kennt die Quantentheorie den merkwürdigen Umstand, dass Wirkungen auch ohne physikalische Masse erzielt werden können. All diese Aspekte machen die Quantenphysik für die Erklärung des unerklärbaren Verhältnisses von Geist und Gehirn äußerst attraktiv.

Eccles sucht einen Ort, der klein genug ist, damit Quanteneffekte im molekularen Bereich wirken könnten. Schließlich identifiziert er die Bläschen einer Synapse als denjenigen Punkt, an dem die Vermittlung von Ich und Gehirn stattfindet. Hier soll die masselose geistige Kraft das Wahrscheinlichkeitsfeld der Quanten beeinflussen. Der Effekt ist – getreu der Quantenphysik – kein kausaler, sondern ein statistischer. Die geistige Aktivität wirkt nicht in direkter Weise auf die neuronalen Muster, sie verändert lediglich die Wahrscheinlichkeit der Ausschüttung eines Transmitters an der Synapse der in Moduln zusammenarbeitenden speziellen Neurone. Auf diese Weise kommt es zu Veränderungen in jenen für die Liaison von Geist und Materie prädestinierten Zentren. Über diese äußerst trickreichen Interaktionen programmiert nach Eccles das Ich sein Gehirn und nimmt im Gegenzug das Geschehen im Körper wahr, um es zu komplexen Empfindungen zu verarbeiten, die auf der Bewusstseinsebene erfahrbar werden.

Mangelnde Konsequenz oder Berührungsängste mit gut gehüteten Tabus kann man Sir John Eccles wahrlich nicht vorwerfen. Er macht sogar die Seele, von der die Neurowissenschaftler im 20. Jahrhundert kaum mehr reden, wieder zum Thema. Der Begriff wird von ihm nicht einfach nur als Synonym für Geist oder Bewusstsein verwendet, sondern sehenden Auges mitsamt seinem metaphysischen Schleier gebraucht. Doch nicht genug mit dieser »Identifikation von Welt 2 mit der Seele«,[161] Eccles geht sogar so weit, zu postulieren, dass die gesamte Welt 2 aufgrund ihres immateriellen Seinszustandes »im Tode nicht der Vernichtung unterworfen« sei. Anders als den materiellen Dingen der Welt 1 wie dem Körper und damit auch dem Gehirn erkennt er der Seele den Status der Unsterblichkeit zu. Im Moment des Todes beendet sie ihre Liaison mit Welt 1 und somit auch mit Welt 3 und sinkt in »Vergessenheit«. Hier nimmt Eccles denn auch eine Anleihe beim Ur-Dualisten Platon, der die Seelenwanderung eingängig in seinem Werk *Politeia* beschreibt. Vor Wiedereintritt in einen neuen Körper lagern die Seelen am Flusse Sorglos, von dessen Wasser sie trinken müssten, »und wie einer getrunken habe, vergesse er alles«.[162] So konkret wird Eccles nicht, doch er ermuntert seine Leser zu einer geradezu rhetorischen Frage: »Wir können voll Hoffnung fragen: Muss diese Vergessenheit ohne Ende sein?«[163]

Die Ähnlichkeiten zwischen Eccles und einem anderen großen Denker, Descartes, liegen auf der Hand. Dessen scheint sich der Nobelpreisträger bewusst, wenn er explizit auf seinen wissenschaftlichen Ahnen aus dem 17. Jahrhundert Bezug nimmt. Seine Haltung in der Seelenfrage, so schreibt er, entspreche »im Grunde genommen der Haltung Descartes'«.[164] In beiden Fällen wird eine gemäß dem Wissensstand einigermaßen rätselhafte Hirnstruktur zum Ort des Austausches zwischen Geist und Gehirn auserkoren. Sodann erklärt man die Interaktion zwischen den kategorial und substanziell getrennten Wesenheiten Leib und Seele mit der ambitioniertesten Theorie der Zeit. Descartes bezog sich auf die Mechanik, Eccles auf die Quantenmechanik. Das Ergebnis ist eine dualistische Theorie, die letztlich die von ihr selbst vorausgesetzte Trennung von Leib und Seele zementiert. So schließt sich der Kreis vom Beginn der neuzeitlichen bis zum Ende der modernen Hirnforschung.

Doch das Modell von Eccles bleibt genauso Spekulation wie das von Descartes. Weder für das eine noch für das andere können empirische Belege beigebracht werden. Während aus Descartes' Vorstellungen noch ein Verhaftetsein im kirchlichen Mittelalter spricht, legen die Ideen des bekennenden Katholiken Eccles Zeugnis ab von einem tiefsitzenden Unbehagen am starren Materialismus, der die Geschichte der Hirnforschung im 19. und 20. Jahrhundert bestimmt. Auf Grundlage der monistischen Weltanschauung kann man zwar trefflich Einsichten in die materiellen Prozesse gewinnen, doch das Phänomen des Bewusstseins wird entweder in Gänze ignoriert oder auf neuronale Prozesse reduziert. Die Behauptung aber, dass neuronale Zustände Bewusstsein hervorbringen, ist ebendies – eine Behauptung, der ebenso jegliche Evidenz fehlt wie der Eccles'schen Hypothese von der Interaktion zwischen Ich und Gehirn in den Liaison-Zentren der Großhirnrinde.

So steht die Hirnforschung am Ausgang des 20. Jahrhunderts in gewissem Sinne mit leeren Händen da. Zwar kommt es durch neue Wissensfelder wie Elektrizität, Zellbiologie, Ionentheorie, Kybernetik, Informatik und Biochemie zu einer enormen Erhöhung der Taktfrequenz in der Forschung selbst. Verglichen mit früheren Jahrhunderten werden in geradezu inflationärer Weise Hypothesen über das Hirn aufgestellt und im Sinne Poppers zumeist ebenso rasch falsifiziert. Doch die Ratlosigkeit in der Frage, auf welche Weise und ob überhaupt das Gehirn den Geist hervorbringt, bleibt bestehen.

Neue Methoden müssen her, die es erlauben, der denkenden Materie bei ihren Verrichtungen direkt zuzuschauen. Bislang ist man noch auf die Zerlegung toter Gehirne oder auf Tierversuche mit letztlich begrenzter Aussagekraft angewiesen. Doch sobald es möglich sein wird, die neuronalen Vorgänge im unverletzten Kopf darzustellen, dann, ja dann wird die Erklärung der Funktionsweise des Gehirns zum Greifen nah sein.

GEGENWART

Das Hirn wird wie das Internet gewesen sein

Von der Resonanz der Atome

Für die Betrachtung der Gegenwart der Hirnforschung braucht es eine Perspektive, die über die rein geschichtliche hinausgeht. Eine Geschichte kann man nur nach ihrem Abschluss erzählen, erst dann treten Motive und Irrtümer zutage. Die Gegenwart zeichnet sich aber gerade dadurch aus, dass sie noch nicht abgeschlossen ist. Insofern wäre hier die Zeitform des Futur II angebracht: Welcher Art wird die Hirnforschung zu Beginn des 21. Jahrhunderts gewesen sein? Diese Frage kann heute noch nicht beantwortet werden. Gleichwohl liegen bereits erste Anhaltspunkte vor.

Wieder einmal sind es technische Entwicklungen, die eine völlig neue Art der Annäherung an das Hirn erlauben. Bereits 1971 entwickelt der US-amerikanische Chemiker Paul Christian Lauterbur (1929–2007) ein Gerät, das mit einem Magnetfeld, fünfundzwanzigtausend Mal so stark wie das der Erde, Atome in Resonanz versetzt. In einem zweiten Arbeitsschritt wird die von den angeregten Atomen abgestrahlte Energie gescannt und in ein räumliches Bild verwandelt. Diese Methode, für die Lauterbur 2003 den Nobelpreis für »Physiologie oder Medizin« erhält, wird immer weiter verfeinert und schließlich auf biologische Gewebe angewendet. Auch den menschlichen Körper untersuchen Wissenschaftler auf diese neuartige Weise, intensive Magnetfelder gelten als unbedenklich. Von den etwa sieben Quadrilliarden Atomen – eine 7 mit 28 Nullen, also 7 Billionen Billiarden – reagiert nur eins pro eine Million, doch das genügt vollauf, um virtuelle Schnitte lebender Strukturen bis in den Bruchteilbereich eines Millimeters hinein anzufertigen. Hieraus leitet sich die Bezeichnung Tomographie ab, *tome* steht im Griechischen für

»Schnitt« und *graphein* für »schreiben«. Damit hat man alle Elemente des neuen Wunderapparates beisammen: Magnetresonanztomographie, kurz MRT.

Die Aufzeichnungsmöglichkeit feinster Schichten von Organen erweitert die medizinische Diagnostik erheblich. In der Hirnforschung eröffnet sie einen gewaltigen Erwartungshorizont. Jetzt kann zusammenwachsen, was zusammengehört, jedoch seit Mitte des 19. Jahrhunderts auseinanderdriftet. Das MRT bringt in der Untersuchung des lebenden, unverletzten Gehirns Anatomie und Physiologie wieder zusammen. Das gelingt durch einen kleinen, aber folgenreichen Trick. Wenn Neurone feuern, verbrauchen sie mehr Sauerstoff, der ihnen über das Blut zur Verfügung gestellt wird. Insofern geht neuronale Aktivität mit erhöhter Durchblutung einher. Die kann vom MRT recht präzise gemessen werden, da das Eisen im Blut gut auf die Magnetfelder anspricht. Somit sieht man nicht nur die anatomische Struktur einzelner Gehirnregionen genau, sondern zugleich auch ihre physiologische Funktion, weswegen diese Art der Untersuchung als funktionelle Magnetresonanztomographie (fMRT) bezeichnet wird. Was braucht man mehr, um das Gehirn zu verstehen?

So beginnt Ende der 1980er-Jahre ein neues Großprojekt der Hirnforschung. Nicht von ungefähr verkündet der damalige Präsident der Vereinigten Staaten von Amerika, George Bush sen., am 17. Juni 1990 »The Decade of Brain«. Jetzt wird dem Geist bei der Arbeit zugeschaut. Die Palette der Möglichkeiten ist dabei schier unbegrenzt. Die Probanden liegen im MRT und lösen Rechenaufgaben, erinnern sich an Kindheitserlebnisse, empfinden Freude oder gar sexuelle Erregung, werden zum Lügen angehalten, sollen Texte verstehen und im Geiste Bilder interpretieren. Während dieser kognitiven Leistungen registriert das MRT die Aktivitäten in der Großhirnrinde. Die Areale, in denen die Erregung besonders hoch ist, werden danach am Computer bunt eingefärbt. Die spektakulären Ergebnisse des bildgebenden Verfahrens bevölkern erst die Fach-, dann aber sehr bald auch die Publikumszeitschriften. Die Hirnforschung boomt. Die bunten Bilder entfalten eine derart suggestive Kraft, dass den Neurowissenschaften die Lösung eines der letzten großen Rätsel zugetraut wird. »Was ist die biologische Grundlage des Bewusstseins?« kommt nach einer repräsentativen Umfrage des Wissenschaftsmagazins *Science* unter Forschern im Jahr 2005 weltweit auf Platz zwei von insgesamt hundertfünfundzwanzig Fragestellungen, deren Lösung für Wissenschaft und Gesellschaft von eminenter Bedeutung ist (auf Platz eins landete die Frage: Woraus besteht das Universum?).[165] Die Hirnforschung firmiert fortan unter dem Label Cognitive Neuroscience. Die bildgebenden Verfahren sind ihr schärfstes Instrument, mit dem sie den Zusammenhang biologischer und kognitiver Prozesse im Hirn ausleuchten will.[166]

Neuroplastizität und freier Wille

Die ersten großen Erfolge lassen nicht lange auf sich warten. Mitte der 1990er-Jahre führt eine Arbeitsgruppe vom University College London um die irische Neurowissenschaftlerin Eleanor Maguire (*1970) Versuche mit Taxifahrern in der britischen Hauptstadt durch. Die Probanden werden zu Beginn und nach Abschluss des Kurses zum Erwerb ihrer Lizenz in die MRT-Röhre geschoben. In dem Lehrgang, der weltweit den höchsten Standard hat, müssen sich die angehenden Taxifahrer alle Straßen und Sehenswürdigkeiten in einem Radius von knapp zehn Kilometern in der Londoner Innenstadt einprägen. Das geht nur mit mehrjährigem intensiven Training. Gefordert ist dabei vor allem eine kleine Struktur im Hirn, die wie ein Seepferdchen aussieht. Es handelt sich um den Hippocampus, einen der entwicklungsgeschichtlich ältesten Bereiche des Großhirns, dem die entscheidende Rolle bei der Gedächtnisbildung und der räumlichen Orientierung zugeschrieben wird. Er ist paarig ausgebildet und findet sich in beiden Temporallappen. Die MRT-Untersuchungen ergeben, dass der Hippocampus in seinem Volumen zunimmt, während die Probanden die geforderten fünfundzwanzigtausend Straßen mit Namen und Ortslage erlernen.

Mit ihren Untersuchungen kann Maguire zeigen, dass sich die Strukturen sogar im Hirn eines Erwachsenen signifikant verändern, wenn er sich etwas Neues aneignet. Damit kommt die kognitive Neurowissenschaft ihrem Ziel der Analyse von neuronalen Grundlagen mentaler Prozesse sehr nah, am Beispiel der britischen Taxischeinanwärter kann sie zeigen, dass sich Erfahrungen direkt in die neuronale Architektur einschreiben. Die enorme Beanspruchung des Hippocampus hat neue Verbindungen in einer Zahl wachsen lassen, die eine im MRT sichtbare Vergrößerung der Struktur erzeugt. Der sogleich kreierte Begriff »erfahrungsabhängige Neuroplastizität« bringt diese Erkenntnis auf den Punkt. Das Gehirn ist von seinem Bau her nicht starr, sondern entwicklungsfähig. Es wächst an seinen Aufgaben.

Nun stellt sich natürlich die Frage, auf welche Weise sich dieses interne Wachstum am effizientesten realisiert. Die Untersuchungen an den Londoner Taxifahrern geben auch hierfür die Richtung vor. Denn die Struktur des Hippocampus wächst nur bei jenen signifikant an, die auch die Prüfung bestehen. Das Hirn jener Probanden, die durchgefallen sind oder den Kurs abgebrochen haben, weist keine Vergrößerung des speziellen Areals auf. Man muss also motiviert sein, sei es aus einem finanziellen Hintergrund oder aus einer gefühlten Berufung heraus. Der deutsche Hirnforscher Gerald Hüther (*1951) findet ein Bild für diesen Prozess, wenn er davon spricht, dass Begeisterung wie eine neuronale »Gießkanne« wirkt. Demnach schüttet das Gehirn im Zustand der Begeisterung sogenannte neuroplastische Botenstoffe wie Adrenalin, Dopamin und verschiedene Endorphine aus, die eine »rezeptorvermittelte Signaltransduktionskaskade« initiieren. In deren Folge geben bestimmte Gene das Signal für die Produktion jener Eiweiße, die »für das Auswachsen neuer Fortsätze und für die Herausbildung neuer Nervenzellkontakte gebraucht werden«.[167]

Damit wird der Prozess der erfahrungsabhängigen Neuroplastizität einerseits bis in die Molekülebene hinein erklärbar, andererseits baut der Begriff der Begeisterung eine elegante Brücke zur Alltagserfahrung. Es ist unmittelbar einleuchtend, dass Euphorie ein wesentlich besserer Sekundant beim Lernen ist als Pflicht und Strafandrohung. Auf dieser Grundlage werden neue Konzepte für die Pädagogik gefordert. Die Schulreformer berufen sich auf die Hirnforscher und entwickeln Ansätze einer Neuro-Education. Und der gesellschaftliche Einfluss der Neurowissenschaft macht bei der Pädagogik noch lange nicht halt. In den 2010er-Jahren scheint nur noch auf dem neuesten Stand, was die entsprechende Vorsilbe im Titel trägt. Die Rede ist von Neuro-Ökonomie, Neuro-Soziologie, Neuro-Philosophie, von Neuro-Marketing und Neuro-Kommunikation, Neuro-Politik, Neuro-Linguistik, ja sogar von Neuro-Theologie und Neuro-Jurisprudenz. Entsprechend gefragt sind die Hirnforscher. Sie werden zu Medienstars, verkaufen auflagenstarke Bücher und steigen auf zu »Experten für alles und jedes«, wie der deutsche Hirnforscher und Bundesverdienstkreuzträger Gerhard Roth (*1942) aus eigener Erfahrung weiß. Jeden Tag bekomme er drei bis vier Anfragen für Vorträge oder Interviews, und seine »Mitarbeiter können kaum etwas anderes tun, als Absagen zu schreiben«.[168]

Beflügelt von der Autorität, die ihnen durch Medien und Öffentlichkeit zugesprochen wird, wagen sich die Hirnforscher auch an große philosophische Themen wie das der

Willensfreiheit. Dazu gibt es bereits eine Vorgeschichte. 1979 führt der US-amerikanische Physiologe Benjamin Libet (1916–2007) folgendes Experiment durch: Eine Versuchsperson wird gebeten, zu einem von ihr selbstgewählten Zeitpunkt eine einfache Handbewegung auszuführen. Diesen Zeitpunkt hält sie mithilfe einer Oszilloskop-Uhr fest. Das überraschende Ergebnis ist nun, dass Libet bereits dreihundertfünfzig Millisekunden vor der bewussten Entscheidung des Probanden, die Hand zu heben, ein Bereitschaftspotential in dessen Hirn nachweisen kann. Die Versuchsperson fasst also den bewussten Entschluss zur Handlung deutlich *nach* der Einleitung der Bewegung durch neuronale Prozesse. In der Tradition dieser Versuche gelingt es dem britischen Hirnforscher John-Dylan Haynes (*1971) mit einer Arbeitsgruppe am Berlin Center for Advanced Neuroimaging sogar, einen zeitlichen Vorlauf von vier Sekunden für das Auftreten von neuronalen Aktivitäten zur Ausführung einer Handlung vor der bewussten Entscheidung dafür experimentell nachzuweisen. Hirnforscher wie Gerhard Roth ziehen daraus den Schluss, dass Menschen gar keinen freien Willen haben, denn »der Willensakt tritt in der Tat auf, nachdem das Gehirn bereits entschieden hat, welche Bewegung es ausführen wird«.[169]

Im Zuge des Aufstiegs der Neurowissenschaftler zu Orakeln des menschlichen Soseins wird das Gehirn auf den Sockel gehoben. Es avanciert zu Beginn des 21. Jahrhunderts zur neuen Entität und bekommt ein Eigenleben zugesprochen, als verfüge es über einen Existenzstatus, der über die Person seines Trägers hinausgeht. Nun entscheidet nicht mehr das Subjekt darüber, was es tun und lassen möchte, sondern das Gehirn. Der Monismus der Neurowissenschaft gewinnt nach der von Eccles ausgelösten Verunsicherung wieder die Oberhand über den Dualismus. Der Geist steuert nicht mehr über ominöse Liaison-Zentren die Hirn-Materie, sondern jetzt bestimmen die neuronalen Zustände des Gehirns, was getan, gedacht und gefühlt wird. Der Terminus Geist wird für die neurowissenschaftliche Beschreibung des Menschen eigentlich gar nicht mehr benötigt.

Neurowissenschaftler als Jäger und Sammler

Die enorme Prominenz der Hirnforschung im letzten Jahrzehnt des alten und im ersten des neuen Jahrtausends fußt im Wesentlichen auf der Kraft der von ihr erzeugten Bilder. Der Betrachter kann sich des Eindrucks nicht erwehren, dem Gehirn in Aktion zuschauen zu dürfen. In ganz eigener Schönheit suggerieren die eindrucksvoll am Computer kolorierten Scans aus dem MRT, dass die Wissenschaftler die Netzwerke der Neurone in den Griff bekommen.

Diese Machtdemonstration kommt genau zur rechten Zeit, um ein Vakuum auszufüllen, das in der westlichen Welt entsteht. Die Zeit der »großen Erzählungen« ist spätestens mit dem Fall des Eisernen Vorhangs und dem Niedergang der sozialistischen Utopie zu Ende gegangen. Die politischen Leidenschaften haben sich scheinbar beruhigt, Pragmatik weicht den Szenarien der Menschheitsbefreiung. Die Geschichte als Kampf verschiedener Systeme verliert an Bedeutung. Die Rede von der Postmoderne geht um, in der alles möglich ist. Das »Anything goes« des Philosophen Paul Feyerabend (1924–1994) – ein Schüler Poppers – wird dankbar als Motto für den Zeitgeist aufgenommen. Der Einzelne bekommt das Recht auf seine eigene Perspektive auf die Welt. Die vielen kleinen Erzählungen dominieren und finden in den sozialen Netzwerken ihre adäquate technische Form. Die Industriegesellschaft wird abgelöst von der Informationsgesellschaft, die sich durch die Herausbildung eines vierten Wirtschaftssegments neben Rohstoffgewinnung, Rohstoffverarbeitung und Dienstleistung auszeichnet. Dieser quartäre Sektor umfasst alle Bereiche, die sich mit Information und Kommunikation beschäftigen. Wenn Wissensproduktion zu einem entscheidenden volkswirtschaftlichen Faktor wird, steht Wissenschaft hoch im Kurs. Die Hirnforschung besitzt in diesem Umfeld die besten Karten, um zur Leitwissenschaft und damit zu einer neuen großen Erzählung inmitten all der kleinen zu werden. Weltweit agierende Forschergruppen publizieren am laufenden Band neue Arbeiten, die von Publikumsmagazinen gern aufgenommen, mit den spezifischen Methoden der Massenmedien zu spektakulären Entdeckungen stilisiert und mit bunten Hirnbildern der interessierten Öffentlichkeit dargeboten werden. Allein die Zeile »Hirnforscher von der Universität ... haben herausgefunden, dass ...« sorgt für Aufmerksamkeit und die beigegebenen Visualisierungen für Evidenz.

Doch der schöne Schein trügt. Wie nackt die Hirnforschung inmitten der Euphorie dasteht, wird erstmals 2004 aus berufenem Munde hörbar. Elf führende Neurowissenschaftler analysieren in einem Manifest den Stand des Faches und denken über Hirnforschung im 21. Jahrhundert nach. Sie stehen nicht an, die Erfolge zu benennen. So konnten die grundsätzlichen Signalprozesse in und zwischen den Neuronen bis in die biochemischen und anatomischen Details hinein geklärt werden. Auch hinsichtlich der funktionellen Zuordnung von Hirnregionen vermelden sie entscheidende Fortschritte. Die Hirnforscher machen jedoch keinen Hehl aus ihrer Unzufriedenheit mit den zur Verfügung stehenden Methoden. Die MRT-Bilder erklären sie für irreführend, da der reale Unterschied in der Aktivität bunter und grau eingefärbter Neurone wesentlich geringer ist, als es die Farbmarkierungen nahelegen. Außerdem misst das MRT keine Erregung, sondern lediglich Veränderungen im Sauerstoffverbrauch in einzelnen Regionen. Eigentlich könne man lediglich sagen, dass bei bestimmten Hirnleistungen an einigen Stellen im Gehirn ein wenig mehr Aktivität vorhanden ist. Aber die entscheidende Frage, auf

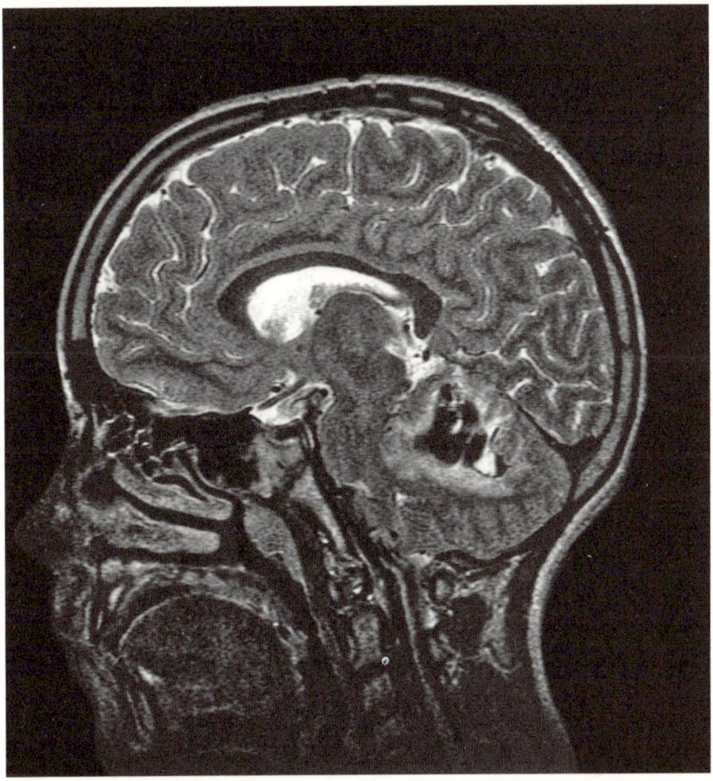

Normalbefund des menschlichen Gehirns. Durch die Erfindung der Magnetresonanztomographie wird eine nichtinvasive Darstellung des Gewebes möglich.

welche Weise die Funktion realisiert wird, bleibt offen: »Denn *wie* das funktioniert, darüber sagen diese Methoden nichts, schließlich messen sie nur sehr indirekt, wo in Haufen von Hunderttausenden von Neuronen etwas mehr Energiebedarf besteht. Das ist in etwa so, als versuchte man die Funktionsweise eines Computers zu ergründen, indem man seinen Stromverbrauch misst, während er verschiedene Aufgaben abarbeitet.«[170]

Auch in der Frage des Zusammenhangs zwischen Gehirn und Geist bekennen die Forscher, noch keinen Schritt weiter zu sein. Von den Regeln, mit denen das Hirn höhere kognitive Leistungen erbringt, wisse man streng genommen kaum etwas. Wie die Einheit der Empfindung zustande komme und auf welche Weise Handlungen geplant würden, »all dies verstehen wir nach wie vor nicht einmal in Ansätzen. Mehr noch: Es ist überhaupt nicht klar, wie man dies mit den heutigen Mitteln erforschen könnte. In dieser Hinsicht befinden wir uns gewissermaßen noch auf dem Stand von Jägern und Sammlern.«[171]

Die offenen Worte machen deutlich, wo die Hirnforschung zu Beginn des neuen Jahrtausends steht. Sie bewegt sich erkenntnistheoretisch nach wie vor in der Denkungsart des Parallelismus zwischen Funktion und Struktur. Wie zu Zeiten des aus dem Kanon der Naturwissenschaften exkommunizierten Franz Gall Anfang des 19. Jahrhunderts werden kognitive Funktionen bestimmten Hirnbereichen zugeordnet. Das geschieht zwar mit völlig anderen Methoden, doch der Geist ist noch derselbe, weshalb man die gegenwärtige Hirnforschung mit gutem Recht als »Cyberphrenologie«[172] bezeichnen kann; etwas weniger polemisch könnte man auch »Cyberlokalisationismus« sagen.

Nach einem Vierteljahrhundert Forschung mit den neuen Verfahren hat es sich als ein gewaltiger Trugschluss herausgestellt, dass man mit modernster Bildgebung dem Gehirn bei der Arbeit zusehen kann und dadurch verstehen lernt, wie es funktioniert. Allein die Trägheit der Magnetresonanztomographie verhindert ein solches Erleben. Der Scanner kann nur etwa alle zwei Sekunden eine Aufnahme machen. Für das Hirnbild müssen mehrere Hundert Scans zusammengerechnet werden, sodass eine aussagekräftige MRT-Untersuchung mindestens fünfzehn Minuten, zumeist jedoch länger dauert. In dieser Zeit muss der Proband bewegungslos in der engen Röhre liegen und dabei die verabredete geistige Tätigkeit vollbringen, also die ganze Zeit über Freude empfinden oder an einen Jahrzehnte zurückliegenden Ausflug mit den Eltern denken. Von einer spontanen freudigen Erregung oder einer plötzlich auftauchenden Erinnerung, die gerade das Faszinosum des Bewusstseins ausmachen, ist dieser Zustand in etwa so weit entfernt wie das MRT von der steinernen Knochensäge, mit der die Medizinmänner vor über zwölftausend Jahren erstmals Schädel ihrer Mitmenschen öffneten.

Spiegelneurone und Supercomputer

Zumindest einen unbedingten Vorteil aber haben die bildgebenden Verfahren. Man kann mit ihnen nichtinvasiv arbeiten. Das heißt, der Proband bleibt bei der Untersuchung unverletzt, keinerlei Werkzeuge dringen in seinen Kopf ein. Das allerdings macht die vielen Nachteile nicht wett. Wollen die Neurowissenschaftler präzise Messdaten erheben, müssen sie invasiv vorgehen. Dazu werden Neurone mit einer elektrolytgefüllten Glaskapillare angestochen. Der Durchmesser dieser Mikroelektrode lag bei den Versuchen am Tintenfisch-Axon von Hodgkin und Huxley Ende der 1930er-Jahre zwischen 40 und 100 Mikrometern. Mittlerweile messen die Spitzen nur noch 0,5 Mikrometer, also den tausendsten Teil eines halben Millimeters. Damit lässt sich punktgenau experimentieren.

Allerdings ist die Anwendung dieser Methoden am menschlichen Hirn verboten.

Im Jahr 1996 gelingt es den italienischen Neurophysiologen Giacomo Rizzolatti (*1937), Vittorio Gallese (*1959) und Leonardo Fogassi (*1958), handlungssteuernde Neurone im Affenhirn anzustechen und deren Aktivität kontinuierlich abzuleiten. Eine dieser Zellen feuert, sobald der Makake nach einer Erdnuss greift. Als sich während des laufenden Versuchs ein Forscher an einer Schale mit Nüssen bedient, springt das Neuron ebenfalls an, ohne dass sich der Affe bewegt hat. Die mit der Handlungsplanung beschäftigte Zelle wird also aktiv, egal ob die Handlung selbst ausgeführt oder nur beobachtet wird. Rizzolatti und seine Kollegen nennen sie dementsprechend Spiegelneuron, da sie die Handlung des anderen im eigenen Körper spiegelt. Als man diese Art der Neurone schließlich in verschiedenen Gebieten des Hirns findet, scheint die neuronale Grundlage des Mitgefühls entdeckt. Abermals spekulieren die Medien wild. Von »Dalai-Lama-Neuronen« ist in der Presse zu lesen, und davon, dass ihre Entdeckung so bahnbrechend wie jene der DNA sei. Die Spiegelneurone, so heißt es, würden die Grundlage von Sprache, Kultur und Menschlichkeit neu zu sehen lehren.

Der Hype hat durchaus Ähnlichkeiten mit jenem, den die Entdeckung der Hirnströme im EEG durch Hans Berger Ende der 1920er-Jahre auslöste, und wie dieser beruht er auf einer schlichten Überinterpretation. Nüchtern betrachtet verlieren die Spiegelneurone rasch das Spektakuläre, das ihnen angedichtet wurde. Man braucht sich nur die Frage zu stellen, in welcher Weise Zellen etwas über die kulturbildende Empathie des Menschen aussagen können, die auch in Affenhirnen feuern. Liegt es außerdem nicht auf der Hand, dass zum Ensemble der Zellen, die sich mit der Planung und Ausführung von Handlungen beschäftigen, auch solche gehören müssen, die durch Simulation die entsprechenden Programme wach halten und helfen, die Absichten des Gegenübers abzuschätzen? Mittlerweile hat sich die Aufregung abgekühlt. Die Presse ist zu anderen spektakulären Neuigkeiten weitergeeilt, sodass die Spiegelneurone heute nurmehr eine der vielen Episoden in der medial inszenierten Erfolgsgeschichte der Hirnforschung sind.

Wie genau man tatsächlich die innere Funktionsweise einer Sache verstanden hat, lässt sich durch einen Nachbau zeigen. In der Hirnforschung wird ein solcher in Form der Simulation neuronaler Vorgänge angelegt. 2005 startet das von der EU mit der geradezu märchenhaften Fördersumme von einer Milliarde Euro unterstützte Human Brain Project unter der Leitung des israelischen Hirnforschers Henry Makram (*1962), das es sich zum Ziel setzt, die Prozesse in der Großhirnrinde des Menschen zu simulieren. Einer der schnellsten Computer der Welt bildet das Herzstück des Projekts. »Blue-Gene«, so der Name des Computers, kann tausend Milliarden Operationen in jeder Sekunde bewerkstelligen. Nach zehn Jahren soll laut Aussage der Projektleitung ein erstes Zwischenziel erreicht werden. Im Oktober 2015 präsentieren die Forscher in der Schweiz die Simulation eines Bereichs vom Cortex der Ratte. Allerdings umfasst es lediglich ein Gebiet in der Größe eines Sandkorns. Einunddreißigtausend Neurone arbeiten hier zusammen. Bedenkt man, dass im menschlichen Cortex mehr als zwei Millionen Mal so viele Neurone feuern und im gesamten Gehirn etwa hundert Millionen Nervenzellen mit über hundert Billionen Synapsen tätig sind, belegt die Simulationsleistung des Human Brain Projects noch einmal eindrucksvoll die Aussage der Hirnforscher in ihrem Manifest, dass man angesichts der unübersehbaren Komplexität der Verschaltungen in unserem Kopf noch auf dem Stand der Jäger und Sammler herumdümpelt.

So hat die Hirnforschung in ihrer Geschichte unzählige Daten erhoben und viele Theorien produziert. Doch für das Verständnis der Zusammenhänge von Gehirn und Geist fehlt etwas ganz Fundamentales. Was das sein könnte, kann zurzeit niemand sagen. Der deutsche Hirnforscher Frank Rösler (*1945) fasst die Ratlosigkeit des Fachs pointiert so zusammen: »Wir haben in der ganzen Hirnforschung bisher keinen Einstein. Wir haben noch nicht einmal einen Newton.«[173]

Bei aller Kritik machten die MRT-Untersuchungen aber zumindest zwei Sachverhalte deutlich: Im Hirn herrscht immer Erregung, und eine spezifische Leistung wird nicht von einem bestimmten Areal allein erbracht. Vielmehr benötigt jedes Areal die neuronale Aktivität an vielen verschiedenen Stellen, damit es seine Funktion ausführen kann. Das Gehirn des Menschen arbeitet also in den Konzepten heutiger Neurowissenschaftler wie das Internet als ein Netzwerk vieler verteilter und immer aktiver Intelligenzherde. Einmal mehr schafft der technisch höchste Standard der Zeit die Grundlage, um die Hirnprozesse ins Bild zu setzen. Vielleicht wird ja einst diese neueste Metapher der Hirnforschung den Durchbruch gebracht haben.

ANHANG

Dank

Hiermit danke ich Bernhard Pörksen, der mir die Idee zu diesem Buch einflüsterte. Weiterhin danke ich meiner Mutter, Gisela Eckoldt, und René Weiland für ihre anregende Kritik an der ersten Fassung des Manuskriptes. Auch meiner Frau Julia möchte ich danken für den regen Gedankenaustausch über das Thema des Buches.

ANHANG

Anmerkungen

1 Siehe auch Wolfgang Iser: *Emergenz. Nachgelassene und verstreut publizierte Essays*, Konstanz 2013, S. 50.

2 Platon: *Phaidon. Apologie des Sokrates*, in: Ders.: *Sämtliche Werke*, Bd. 4, Reinbek 1994, 42a.

3 Alfred North Whitehead: *Prozess und Realität*, Frankfurt a. M. 1987, S. 91. Whitehead tätigt diese vielzitierte Äußerung übrigens in einer Fußnote.

4 Hippokrates: *Schriften*, Reinbek 1962, S. 147.

5 Platon: *Timaios*, Hamburg 1992, 44d.

6 Ebd., 69e.

7 Aristoteles: »Über die Teile der Lebewesen. Übersetzt und erläutert von Wolfgang Kullmann. Darmstadt 2007, 652 b4.

8 Ebd., 652 b20ff.

9 Aristoteles: *Über die Seele*, München 1996, S. 48.

10 Ebd.

11 Christof Koch: *Bewusstsein. Bekenntnisse eines Hirnforschers*, Berlin/Heidelberg 2013, S. 212.

12 Diese Bezeichnung bezieht sich auf die griechische Bedeutung des Wortes und hat nichts mit der heutigen Verwendung zu tun. Der Begriff »Neuron« für die Bezeichnung der Nervenzelle wurde erstmals von dem deutschen Anatomen Wilhelm von Waldeyer im Jahr 1891 verwendet.

13 Bis in die Neuzeit verdanken sich die Erfolge der Hirnforscher immer wieder blutigen Ereignissen. So liegen beispielsweise dem Standardwerk zur Hirnanatomie des deutschen Neurologen Karl Kleist (1879–1960) dessen Erfahrungen mit Hirnverletzungen als Militärarzt im Ersten Weltkrieg zugrunde. Siehe Karl Kleist: *Kriegsverletzungen des Gehirns in ihrer Bedeutung für die Hirnlokalisation und Hirnpathologie*, Leipzig 1934.

14 Oswald Spengler: *Untergang des Abendlandes*, München 1923, S. 72.

15 Erhard Oeser: *Geschichte der Hirnforschung. Von der Antike bis zu Gegenwart*, Darmstadt 2002, S. 37.

16 Jacob Taubes: *Abendländische Eschatologie*, München 1991, S. 65.

17 Norbert Elsner: »... noch niemand konnt es fassen, wie Leib und Seel so schön zusammenpassen ...«, *Gehirn und Verstehen* 1 (2003), S. 8.

18 Zitiert nach Mirko D. Grmek: *Die Geschichte des medizinischen Denkens. Antike und Mittelalter*, München 1996, S. 235.

19 Zitiert nach ebd.

20 Der italienische Baumeister Filippo Brunelleschi (1377–1446) hatte bereits die mathematisch konstruierbare Perspektive in der Malerei erfunden und damit die Eroberung des Raumes eingeleitet. Jedem Betrachter eröffnete sich von nun an die Einsicht, dass er gegenüber seiner Umgebung immer einen spezifischen Standpunkt einnimmt.

21 Leonardo da Vinci: *Tagebücher und Aufzeichnungen*, Leipzig 1940, S. 105.

22 Ebd.

23 Ebd., S. 118.

24 Ebd.

25 Dieses und die folgenden Zitate siehe Karl Eduard Rotschuh: »Vom spiritus animalis zum Nervenaktionsstrom«, in: *Ciba-Zeitschrift* 8 (1958), S. 2954.

26 Nach Gebser bestimmte zunächst das archaische Bewusstsein die Weltwahrnehmung, ehe das magische, das mythische, das rationale und zuletzt das integrale Bewusstsein folgten.

27 Ettore Lojacono: *René Descartes. Von der Metaphysik zur Deutung der Welt*, Heidelberg 2001, S. 57.

28 Ebd., S. 53.

29 Ebd., S. 41.

30 Harald Lesch/Wilhelm Vossenkuhl: *Die großen Denker. Philosophie im Dialog*, München 2012, S. 397.

31 René Descartes: *Ueber die Leidenschaft der Seele*, Berlin 1870, S. 8.

32 Lojacono: »Descartes«, S. 32 (wie Anm. 27).

33 Descartes: *Leidenschaft*, § 41 (wie Anm. 31).

34 René Descartes: *Über den Menschen*, Heidelberg 1969, S. 56.

35 Ebd., S. 109.

36 Randolf Menzel: »Von Geistern zum Geist. Aus der Geschichte der Neurobiologie«, in: *Lebenswissen. Eine Einführung in die Geschichte der Biologie*, hrsg. von Ekkehard Höxtermann und Hartmut H. Hilger, Rangsdort 2007, S. 341.

37 René Descartes: *Über den Menschen*, Heidelberg 1969, S. 69.

38 William Harvey: *Die Bewegungen des Herzens und des Blutes*, Leipzig 1910, S. 117.

39 Dieses Experiment wird dem niederländischen Mediziner Jan de Wale zugeschrieben. Siehe hierzu Oeser: *Hirnforschung*, S. 51 (wie Anm. 15).

40 Hansruedi Isler: *Thomas Willis. Ein Wegbereiter der modernen Medizin*, Stuttgart 1963, S. 87f.

41 Hans J. Markowitsch: »Ein grundsätzlicher Paradigmenwechsel wäre gar nicht so schlecht!«, in: *Kann das Gehirn das Gehirn verstehen? Gespräche über Hirnforschung und die Grenzen unserer Erkenntnis*, hrsg. von Matthias Eckoldt, Heidelberg 2013, S. 34.

42 Bernhard Weber: *Über das Organ der Seele. Samuel Thomas Soemmering*, Köln 1987, S. 107.

43 Zitiert nach Fritz Frauenberger/Jürgen Teichmann: *Das Experiment in der Physik*, Braunschweig 1984, S. 65.

44 Der preußische Jurist und Naturforscher Ewald Georg von Kleist hatte bereits 1745 dasselbe Prinzip entdeckt, weswegen der Elektrizitätsspeicher auch Kleist'sche Flasche genannt wird. Die Erfindung der Leidener Flasche geschah nachweislich unabhängig von der Kleist'schen.

45 Zitiert nach Johann Friedrich Dannemann: *Erläuterte Abschnitte aus den Werken hervorragender Naturforscher aller Völker und Zeiten*, Leipzig 1902, S. 204.

46 Luigi Galvani, zitiert nach Max Neuburger: *Die historische Entwicklung der experimentellen Gehirn- und Rückenmarksphysiologie vor Flourens*, Stuttgart 1897, S. 224.

47 Alessandro Volta: *Briefe über tierische Elektrizität von Alessandro Volta*, Leipzig 1900, S. 80.

48 Zitiert nach Johannes Müller: *Handbuch der Physiologie des Menschen*, Erster Band. Coblenz 1835, S. 624.

49 Zitiert nach Dannemann: *Erläuterte Abschnitte*, S. 211 (wie Anm. 45).

50 Frauenberger/Teichmann: *Das Experiment*, S. 97 (wie Anm. 43).

51 Michael Hagner: *Homo cerebralis. Der Wandel vom Seelenorgan zum Gehirn*, Frankfurt a. M. 2008, S. 186.

52 Zitiert nach H. Klencke: *Alexander von Humboldts Leben und Wirken, Reisen und Wissen*, Leipzig 1876, S. 114.

53 Alexander von Humboldt: *Reise in die Aequinoktial-Gegenden des neuen Kontinents*, Stuttgart 1859, S. 297.

54 *Brehms Tierleben*, Dritte Abteilung: Kriechtiere, Lurche und Fische, 2. Bd.: Fische, Leipzig 1884, S. 323.

55 Daniel Kehlmann: *Die Vermessung der Welt*, Reinbek 2005, S. 104.

56 Friedrich Wilhelm Joseph von Schelling: *Von der Weltseele. Eine Hypothese der höheren Physik zur Erklärung des allgemeinen Organismus*, Hamburg 1809.

57 Johann Wilhelm Ritter: *Über den Galvanismus; einige Resultate aus den bisherigen Untersuchungen darüber, und als endliches: die Entdeckung eines in der ganzen lebenden und toten Natur sehr tätigen Prinzips*, Leipzig 1806, S. 39.

58 Johann Jakob Wagner: *Von der Natur der Dinge*, Leipzig 1803, S. 499.

59 In »Das Manifest. Elf führende Neurowissenschaftler über Gegenwart und Zukunft der Hirnforschung« (*Gehirn und Geist* 6 [2004], S. 33) heißt es: »Auch wenn wir die genauen Details noch nicht kennen, können wir davon ausgehen, dass all diese Prozesse grundsätzlich durch physikochemische Vorgänge beschreibbar sind. Diese näher zu erforschen ist die Aufgabe der Hirnforschung in den kommenden Jahren und Jahrzehnten.«

60 Müller: *Handbuch*, S. 625 (wie Anm. 48).

61 Zitiert nach *www2.hu-berlin.de/presse/zeitung/archiv/96_97/num_497/11.html*.

62 Zitiert nach Sven Dierig: »Jede Experimentalwissenschaft braucht ein Laboratorium. Emil du Bois-Reymond als Wirtschaftsunternehmer«, in: *Historische Instrumentensammlung an der Charité*, hrsg. von Peter Bartsch, Bonn/Berlin 2000, S. 75.

63 Emil du Bois-Reymond: *Untersuchungen über thierische Elektricität*, Bd. I, Hildesheim 2013, S. 203.

64 Ebd., S. 221.

65 Ebd., S. 251. Du Bois-Reymond notiert die Ablenkungswinkel und nicht die Spannung in Volt beziehungsweise Millivolt, da sich

die Wissenschaftlergemeinde erst 1897 auf diese Einheit einigen wird.

66 Ebd., S. xv.

67 Ebd.

68 Ebd., Bd. II, S. 563.

69 Randolf Menzel/Matthias Eckoldt: *Die Intelligenz der Bienen. Wie sie denken, planen, fühlen. Und was wir daraus lernen können*, München 2016, S. 64.

70 *www.begriffsgeschichte.de/doku.php?id=netz*.

71 Herbert Marshall McLuhan verfuhr in den 1960er-Jahren ähnlich, als er die durch Fernsehen und Radio hervorgerufenen Veränderungen beschrieb. Nach McLuhan stellen die elektronischen Medien Erweiterungen des Zentralnervensystems dar. Das heißt im Umkehrschluss: Das Zentralnervensystem des Menschen überzieht die moderne, elektrisch medialisierte Welt.

72 Emil du Bois-Reymond: *Über thierische Bewegung*, Berlin 1851, S. 29.

73 Ebd., S. 30.

74 Herbert Marshall McLuhan: *Die Gutenberg-Galaxis. Die Entstehung des typographischen Menschen*, Hamburg 2011.

75 Emil du Bois-Reymond: *Über die Grenzen des Naturerkennens (1872). Die sieben Welträtsel (1880)*, Zwei Vorträge, Leipzig 1916, S. 51.

76 Der österreichisch-amerikanische Logiker Kurt Gödel (1906–1978) konnte mit mathematischen Mitteln nachweisen, dass wissenschaftliche Denksysteme grundsätzlich nicht widerspruchsfrei aufgebaut sind. Sein Unvollständigkeitstheorem besagt, dass die Widerspruchsfreiheit eines Systems nicht aus diesem selbst zu begründen ist, wodurch es logisch unvollständig bleibt.

77 Du Bois-Reymond: *Über die Grenzen*, S. 20 (wie Anm. 75).

78 Ebd., S. 29.

79 Ebd., S. 51.

80 Siehe hierzu Wolf Singer: »Bewusstsein, etwas ›Neues, bis dahin Unerhörtes‹«, *in: Berlin-Brandenburgische Akademie der Wissenschaften. Berichte und Anhandlungen*, Band 4, Berlin 1997, oder Kurt Bayertz/Myriam Gerhard/Walter Jaeschke (Hrsg.): *Der Ignorabimus-Streit*, Hamburg 2012.

81 Zitiert nach Peter Düweke, *Kleine Geschichte der Hirnforschung. Von Descartes bis Eccles*, München 2001, S. 31.

82 *Franz Joseph Gall. Naturforscher und Anthropologe. Ausgewählte Texte*, eingeleitet, übersetzt und kommentiert von Erna Lesky, Bern u. a. 1979, S. 11.

83 Münzkabinett der Staatlichen Museen zu Berlin, Objektnummer 18218779.

84 Johann Caspar Lavater: *Physiognomische Fragmente zur Beförderung der Menschenkenntnis und Menschenliebe*, Leipzig 1775, A 3.

85 Johann Caspar Lavater: *Physiognomische Fragmente zur Beförderung der Menschenkenntnis und Menschenliebe*, Wien 1829, S. 42.

86 Franz Gall/Karl Spurzheim: *Anatomie und Physiologie des Nervensystems im Allgemeinen, und des Gehirns im Besonderen*, Hildesheim 2011, S. 595.

87 Gall: *Ausgewählte Texte*, S. 87 (wie Anm. 82).

88 Gall: *Ausgewählte Texte*, S. 55 (wie Anm. 82).

89 Olaf Breidbach: *Die Materialisierung des Ichs. Zur Geschichte der Hirnforschung im 19. und 20. Jahrhundert*, Frankfurt a. M. 1997, S. 81.

90 Gall: *Ausgewählte Texte*, S. 86 (wie Anm. 82).

91 Brigitte und Helmut Heintel: *Franz Joseph Gall*, Stuttgart 1985, S. 12.

92 Gall: *Ausgewählte Texte*, S. 41 (wie Anm. 82).

93 Angela D. Friederici: »Man muss unbedingt aufpassen, dass man sich nicht dazu hinreißen lässt, Antworten zu geben, obwohl man sie noch nicht hat«, in: Eckoldt, *Gehirn*, S. 157 (wie Anm. 41).

94 Gall: *Ausgewählte Texte*, S. 166 (wie Anm. 82).

95 Franz Joseph Gall/Johann Caspar Spurzheim: *Anatomie et physiologie du système nerveux en général, et du cerveau en particulier*, Paris 1810–1819 (Bd. 3 und 4 in alleiniger Autorschaft von Gall).

96 Georg Wilhelm Friedrich Hegel: *Phänomenologie des Geistes*, München 2009, S. 124.

97 Ebd.

98 Mit dieser Sichtweise liegt Gall gar nicht weit entfernt von Gerhard Roth (*1942), einem der populärsten deutschen Hirnforscher, der sich auf einem 2011 veranstalteten Symposium unter dem Titel »Verantwortung als Illusion« zur gleichen Fragestellung wie folgt äußerte: »Das geltende Strafrecht setzt Willensfreiheit voraus: Auch wenn ein Täter durch vielfältige Motive zur Tat gedrängt wurde, war er dennoch in der Lage, sich gegen diese Motive zu entscheiden. Für die Schuld eines Täters ist konstitutiv, dass er dies nicht getan hat.

Dies begründet Strafe als Vergeltung und Sühne. Aus neurobiologisch-psychologischer Sicht ist dieser Schuldbegriff zweifelhaft. Menschen handeln aufgrund unbewusster oder bewusster Motive, die ihre Wurzeln in genetischen Prädispositionen, frühkindlichen Prägungserlebnissen, Erziehung oder Erfahrung haben. Gewaltstraftäter werden entweder durch ein Milieu konditioniert, das ihnen Gewalt als normal bzw. zweckdienlich vermittelt, oder sie haben genetische, neurobiologische und psychische Defizite, die sie zu reaktiv-impulsiven oder zu proaktiv-psychopathischen Tätern machen. Es erscheint deshalb unethisch, ihnen eine persönliche Schuld zuzusprechen. Auch erweist sich bei ihnen Strafe als ein pädagogisch untaugliches Mittel. Sie haben aber ein Recht auf Hilfen, z. B. in Form einer Therapie, die es ihnen ermöglicht, in Zukunft ein Leben in Freiheit zu führen.«

99 John Martyn Harlow: »Passage of an iron rod through the head«, *Boston Medical and Surgical Journal* 20 (1848), S. 20.

100 Dieses und die folgenden Zitate siehe Friedrich Goltz: *Ueber die Verrichtungen des Großhirns*, Bonn 1881, S. 163 (Hervorhebung M. E.).

101 Karl Marx schreibt in der Einleitung von *Zur Kritik der politischen Ökonomie*: »Es ist nicht das Bewusstsein der Menschen, das ihr Sein, sondern umgekehrt ihr gesellschaftliches Sein, das ihr Bewusstsein bestimmt.« (Karl Marx/Friedrich Engels: *Werke*, Bd. 13, Berlin 1971, S. 7.)

102 Zitiert nach Düweke: *Kleine Geschichte*, S. 68 (wie Anm. 81).

103 In Bicêtre erfand man übrigens auch die Zwangsjacke und testete die Guillotine vor ihrem ersten öffentlichen Einsatz.

104 *Pschyrembel. Klinisches Wörterbuch*, Berlin/New York 1986, S. 101.

105 Broca gründete die Société d'Anthropologie aus Protest gegen die konservative Haltung der Société de Biologie in der Rassenfrage. Er konnte einflussreiche Mitglieder wie den Direktor des Naturgeschichtlichen Museums von Paris und den Dekan der Medizinischen Fakultät gewinnen.

106 Carl Wernicke: *Der aphasische Symptomkomplex. Eine psychologische Studie auf anatomischer Basis*, Breslau 1874, S. 44.

107 Ebd.

108 Ebd., S. 45.

109 Ebd., S. 67.

110 Hagner: *Homo cerebralis*, S. 237 (wie Anm. 51).

111 Du Bois-Reymond: *Bewegung*, S. 29 (wie Anm. 72).

112 *http://geboren.am/nobelpreise.*

113 Dieses und die folgenden Zitate siehe Leo Peichl/Ernst-August Seyfarth: »Der Streit um das Neuron«, *Biologie in unserer Zeit* 1 (1997), S. 31.

114 Rudolf Virchow: *Die Cellularpathologie in ihrer Begründung auf physiologische und pathologische Gewebelehre*, Berlin 1858, S. 21.

115 Peichl/Seyfarth: »Der Streit«, S. 27 (wie Anm. 113).

116 Wilhelm von Waldeyer: »Über einige neuere Forschungen im Gebiete der Anatomie des Zentralnervensystems«, *Deutsche Medizinische Wochenschrift* 44 (1891), S. 1352.

117 August Forel: *Gesammelte hirnanatomische Abhandlungen, mit einem Aufsatz über die Aufgaben der Neurobiologie,* München 1907, S. 177.

118 Michael Forster/Charles Scott Sherrington: *A Text Book of Physiology*, Part III, London 1897, S. 929.

119 Sir Sherrington wurde bereits 1931, ein Jahr vor der Nobelpreisverleihung, von vielen seiner Kollegen für tot gehalten. Bei einer Würdigung seiner Verdienste an der Universität Bern soll es erst ungläubiges Staunen und dann heftigen, mit Hochrufen vermischten Applaus gegeben haben, als Sherrington leibhaftig auf die Bühne trat.

120 Sir Charles Sherrington: *The Brain and its Mechanism*, Cambridge 1933, S. 33.

121 Zitiert nach Bernstein Center for Computational Neuroscience Berlin, *www.bccn-berlin.de/Home/?languageId=2.*

122 Jean-François Lyotard: *Das postmoderne Wissen. Ein Bericht*, Wien 1986.

123 Santiago Ramón y Cajal: *Studien über die Hirnrinde des Menschen*, 1. Heft: *Die Sehrinde*, Leipzig 1900, S. 71–74.

124 Ebd., 5. Heft: *Vergleichende Strukturbeschreibung und Histogenesis der Hirnrinde*, Leipzig 1906, S. 50.

125 Korbinian Brodmann: *Vergleichende Lokalisationslehre der Grosshirnrinde. In ihren Prinzipien dargestellt aufgrund des Zellenbaus*, Leipzig 1925. S. 2.

126 Dieses und die folgenden Zitate siehe ebd., S. 9.

127 Ebd., S. III.

128 Norbert Elsner/Gerd Lüer (Hrsg.): *Das Gehirn und sein Geist*, Göttingen 2000, S. 45.

129 Tilman Spengler: *Lenins Hirn*, Reinbek 1991, S. 256.

130 Ebd.

131 Brodmann: *Vergleichende Lokalisationslehre*, S. 83 (wie Anm. 125).

132 Spengler: *Lenins Hirn*, S. 194 (wie Anm. 129).

133 Helga Satzinger: *Die Geschichte der genetisch orientierten Hirnforschung von Cécile und Oskar Vogt in der Zeit von 1895 bis ca. 1927*, Stuttgart 1998, S. 274.

134 Michael Hagner: »Hirnforschung als Humanwissenschaft. Das Lokalisationsparadigma im 19. und frühen 20. Jahrhundert«, in: *Gehirn und Denken. Kosmos im Kopf*, hrsg. vom Deutschen Hygiene-Museum Dresden in Zusammenarbeit mit Via Lewandowsky und Durs Grünbein, Ostfildern-Ruit 2000, S. 39.

135 Karl Kleist: »Die Lokalisation im Großhirn und ihre Entwicklung«, *Psychiatria et Neurologica* 137 (1959), S. 303.

136 Der konkrete Anlass für Bergers Untersuchungen war die spontane Aufhellung des Dämmerungszustandes einer Psychotikerin, die mit Kokain behandelt wurde. Siehe Cornelius Borck: *Hirnströme. Eine Kulturgeschichte der Elektroenzephalographie*, Göttingen 2005, S. 31, Anm. 18.

137 Hans Berger: *Über die körperlichen Äußerungen psychischer Zustände. Weitere experimentelle Beiträge zur Lehre von der Blutzirkulation in der Schädelhöhle des Menschen*, Jena 1904, S. 139.

138 Ebd.

139 Ebd., II. Teil, S. 196.

140 Borck: *Hirnströme*, S. 61 (wie Anm. 136).

141 Diese Ersetzung von Alpha- durch Beta-Wellen, die auch auftritt, wenn der Proband mit geschlossenen Augen eine Rechenaufgabe löst, wird in der Fachliteratur als Berger-Effekt bezeichnet.

142 Hans Berger: »Über das Elektrenkephalogramm des Menschen«, *Archiv für Psychiatrie und Nervenkrankheiten* 87 (1929), S. 567.

143 Dieses und die folgenden Zitate siehe Borck: *Hirnströme*, S. 7 (wie Anm. 136).

144 Adrian verschwieg jedoch die Verdienste Bergers um das EEG keineswegs. Unter anderem auf sein Betreiben hin wurde Berger 1940 für den Nobelpreis nominiert. Wegen des Zweiten Weltkriegs ent-

schied man sich jedoch dazu, den Preis nicht zu vergeben. Eine spätere Ehrung Bergers durch die Königlich Schwedische Akademie der Wissenschaften war nicht mehr möglich, da der Nobelpreis nur an lebende Forscher vergeben werden darf. Hans Berger aber hatte sich am 1. Juni 1941 infolge einer depressiven Phase in der Jenenser Klinik erhängt.

145 Borck: *Hirnströme*, S. 225 (wie Anm. 136).

146 *www.dgkn.de/fileadmin/user_upload/pdfs/eeg/EEG33.pdf.*

147 Heraklit: »Fragment 53«, in: Hermann Diels: *Die Fragmente der Vorsokratiker*, Hamburg 1957, S. 27.

148 Arnold Beigel/Rudolf Haarstick/Franz Palme: »Die bioelektrischen Erscheinungen der Hirnrindenfelder«, *Luftfahrtmedizin* 7 (1943), S. 316.

149 Borck: *Hirnströme*, S. 289 (wie Anm. 136).

150 Arturo Roosenblueth/Norbert Wiener/Julian Bigelow: »Behavior, purpose and teleology«, *Philosophy of Science* 10 (1943), S. 24.

151 Warren McCulloch/Walter Pitts: »A logical calculus of the ideas immanent in nervous activity«, *Bulletin of Mathematical Biophysics* 5 (1943), S. 115.

152 Für dieses und die folgenden Zitate siehe Alan Turing: »Computing machinery and intelligence«, *Mind* 49 (1950), S. 433–460.

153 Ebd.

154 Norbert Wiener: *I am a mathematician*, London 1956, S. 289.

155 Zitiert nach Hannah Monyer/Martin Gessmann: *Das geniale Gedächtnis. Wie das Gehirn aus der Vergangenheit unsere Zukunft macht*, München 2015, S. 41.

156 Damit gelingt der Computertechnik das, woran der Kaiser von China einst gescheitert sein soll, als er dem Erfinder des Schachspiels großmütig ein Schachbrett voller Reis konzedierte. Auf das erste Feld sollte lediglich ein einziges Korn, auf jedes folgende jeweils die doppelte Menge gelegt werden. Das konnte der Kaiser nicht leisten. Auf dem letzten Feld hätten nämlich 2^{63} Reiskörner liegen müssen. Eine Zahl mit vierundzwanzig Nullen. So viel Reis, dass man damit einen Güterzug hätte befüllen können, der von der Erde bis zum Mars reicht.

157 Christoph von der Malsburg: »Was tatsächlich in einem Gehirn abläuft, liegt jenseits der Wissenschaft«, in: Eckoldt: *Gehirn*, S. 94 (wie Anm. 41).

158 Karl R. Popper/John C. Eccles: *Das Ich und sein Gehirn*, München 1982.

159 Ebd., S. 64.

160 Für dieses und die folgenden Zitate siehe ebd., S. 431–437.

161 Für dieses und die folgenden Zitate siehe John C. Eccles: *Gehirn und Seele. Erkenntnisse der Neurophysiologie*, München 1987, S. 242.

162 Platon: *Politeia. Der Staat*, Frankfurt a. M./Leipzig 1991, 621a. Auf dem Vergessenheitstrunk ruht letztlich Platons gesamte Erkenntnistheorie. Lernen, so sagt er, sei Wiedererinnerung (Anamnesis) an das, was die Seele bereits wusste, aber vor dem Wiedereintritt in den Körper vergessen hat.

163 Eccles: *Gehirn und Seele*, S. 242 (wie Anm. 161).

164 Ebd.

165 Siehe Felix Hasler: *Neuromythologie. Eine Streitschrift gegen die Deutungsmacht der Hirnforschung*, Bielefeld 2012, S. 69.

166 Neben MRT und fMRT gehören noch die auf der Basis von Röntgenstrahlen arbeitende Computertomographie (CT), die Effekte der Radioaktivität ausnutzende Positronen-Emissions-Tomographie (PET) sowie die temporäre, reversible Gehirndefekte auslösende Transkraniale Magnetstimulation (TMS) zu den von den Kognitiven Neurowissenschaften vorzugsweise eingesetzten Methoden.

167 Gerald Hüther: *Was wir sind und was wir sein könnten. Ein neurobiologischer Mutmacher*, Frankfurt a. M. 2011, S. 94.

168 Gerhard Roth: »Das Gehirn nimmt die Welt nicht so wahr, wie sie ist«, in: Eckoldt: *Gehirn*, S. 140 (wie Anm. 41).

169 Gerhard Roth: *Fühlen, Denken, Handeln. Wie das Gehirn unser Verhalten steuert*, Frankfurt a. M. 2001, S. 442.

170 »Das Manifest« (wie Anm. 59).

171 Ebd.

172 Michael Hagner: *Der Geist bei der Arbeit. Historische Untersuchungen zur Hirnforschung*, Göttingen 2006, S. 222.

173 Frank Rösler: »Jeder Lernvorgang verändert Struktur und Funktion des Gehirns«, in: Eckoldt: *Gehirn*, S. 237 (wie Anm. 41).

Register

Acetylcholin 160
Adern 35
ADHS 135
Adrian, Edgar Douglas 156, 177, 235
Aktionspotential 19, 159f.
Albertus Magnus 52–54, 64
Alderotti, Taddeo 55f.
Alpha-Wellen 174, 193, 235
Alzheimer, Alois 164
Anamnesis 49
Anatomie 35, 62–64, 71, 87, 93, 105, 111, 210
Aphasie 139, 142f.
Aphemie 139
Apokalypse 48
Äquipotentialtheorie (Flourens-Theorie) 124, 134, 139, 144
Aristoteles 27–34, 38–40, 50–52, 55f., 95, 108, 136
Arterien 35f., 40f., 76, 84, 143
Assoziationsathlet 167
Attila 119
Augustinus 49–52
Autonomie 196
Averroes 50
Axon 153, 158f., 219
Balken (*corpus callosum*) 71, 88f., 201
Barnum, Phineas Taylor 132
Batterie 98f., 110, 157
Becher, Johannes R. 172
Begierden 23f.
Berger, Hans 172–177, 185, 220, 235
Bernstein, Julius 157f.
Beta-Wellen 174, 235
Bewusstsein 31f., 54, 67f., 77, 83, 89f., 104, 114–116, 128, 135f., 162, 170, 178f, 183f., 191, 199f., 202–205, 211, 219, 228, 233
– rationales 67, 77, 83, 90, 104, 114, 135, 162, 228
– mythisches 67f., 77, 228
Bewusstseinsstrom 31, 52, 174
Binswanger, Otto 172
Biochemie 205, 216
Blackboxing 186
Blutkreislauf 40, 173
Bois-Reymond, Emil du 106–111, 113–117, 140, 154–157, 174, 184
Borck, Cornelius 184
Borelli, Giovanni 77f.
Broca, Paul 136–143, 145, 165, 233

Brodmann, Korbinian 164–169, 172, 187, 202
Brodmann-Areale (BA) 165, 169, 202
Brunelleschi, Filippo 228
Buchdruck 57–59, 67, 114
Celsus, Aulus Cornelius 35
Chemie 96, 158
Christentum 47f., 189
Chromosom 153
Chromsäure 151
Code-System 112
Computer 184f., 187, 189–192, 194, 196–198, 201, 210, 215, 218, 221, 236
Corpus callosum *siehe* Balken
Cortex *siehe* Großhirnrinde
– präfrontaler Cortex 135
Cytoarchitektonik 164f.

Dalai-Lama-Neuron 220
Darwin, Charles 83, 122, 136, 150
Dax, Gustav 144
Dax, Marc 144
Deduktion 71, 199
Deiters, Otto 150, 152f.
Demokratie 186
Dendrit 153
Denis, Johann Michael 121
Denken 12, 15, 19f., 22, 24, 30f., 33, 49, 56, 63, 69f., 114–116, 167, 170f., 182, 184, 189–194, 206
Descartes, René 14, 67–78, 86, 88, 113f., 144, 170, 186, 204f.
Deutsche Forschungsgemeinschaft (DFG) 182
Diogenes von Apollonia 32–34
Diogenes von Sinope 32
DNA 220
Dove, Heinrich Wilhelm 108
Dreieinigkeit 64, 144
Dynamit 130

Eccles, John 159, 198–295, 214
EEG (Elektroenzephalogramm) 156, 175–185, 191–194, 220, 235
Ehrenberg, Christian Gottfried 108
Einstein, Albert 192, 222
Eizelle 150
Eklektizismus 38–40
Elektrische Ladung 90–92, 95, 100, 160
Elektrisiermaschine 91–195
Elektrizität 14, 19, 90, 93–105, 108, 111, 117, 158, 171, 174, 184f., 205, 229
– tierische Elektrizität 94f., 97–101, 104f.
Elektrizitätsspeicher 93, 229
Elektroenzephalogramm *siehe* EEG
Elektromagnetismus 103, 106, 112
Elektronenmikroskop 161
Elektrophysiologie 111, 113, 117, 140, 158, 172–174, 177
Empfindlichkeitsschwelle 106

Empfindung 12, 22, 25, 31, 33, 40, 42, 53, 56, 71, 75, 79, 95, 120, 170, 180, 202f., 218
Empirie 20, 23, 59, 64, 104, 116
Epilepsie 89, 136, 170, 179, 201
Epiphyse 72
Erasistratos 35f.
Erinnerung 180, 202, 219
Erinnerungszentren 163
Erkenntnistheorie 29, 49, 53, 57, 68, 90, 186, 192, 199, 218, 237
Erlebnis 29, 67, 69, 71f., 180, 195, 210, 232
Erlebnisraum, innerer 67
Erlebniswelt 29
Ernährungsseele 28–31, 34
Erster Weltkrieg 169, 174, 227
Euthanasie 179

Falk, Dean 27
Falsifikation 199, 205
Farbstoff 111, 152
Faserstrukturen 119f., 151f., 154f., 164, 196
Fernelius, Johannes 66
Ferrier, David 132, 134, 139
Ferrier, Jean 70
Feuerbach, Ludwig 103
Flourens, Marie-Jean-Pierre 124f., 134, 139, 144
Flourens-Theorie *siehe* Äquipotentialtheorie
Flugabwehrsystem 184
Foerster, Heinz von 29, 185, 191
Fogassi, Leonardo 220
Forel, August 154
Fortschrittsoptimismus 117, 162
Fowler, Lorenzo Niles 126
Fowler, Orson Squire 126
Franklin, Benjamin 92
Freier Wille 76, 214, 232
Frequenzmaximum 192f.
Freud, Sigmund 141
Friederici, Angela 125
Friedrich Wilhelm III. 118
Frontalhirn 129, 132, 135, 137, 142, 202
Frontalhirnhemmung 135
Froschherz 160
Froschstrom 104, 106

Gage, Phineas 129–134
Galenus 35, 38–43, 49f., 55f., 63f., 76, 83
Gallese, Vittorio 220
Galilei, Galileo 59, 67f.
Gall, Franz Joseph 117–129, 131, 135f., 168, 173, 187, 193, 218, 232
Galvani, Luigi 93–102, 104, 106f., 158
Galvanismus 101f.
Galvanometer 104–106, 158, 174
Ganglien 150f.
Gebser, Jean 67, 228
Gedächtnis 49, 53–55, 62, 64, 74f., 85f., 121, 131, 134, 163, 195, 212
Gedankenlesen 117
Gehirnvolumen 77, 172f.
Geist 11–14, 22, 30, 34, 38, 40, 50, 64–70, 85, 102, 114f., 122, 125–128, 156, 167, 170, 174,

190f., 199–205, 210, 214f., 218, 221
Geistseele 31, 34
Geographie 14, 140
Gerlach, Joseph von 151f.
Geschichte 14f., 19, 38, 48, 111, 139, 199f., 205, 215, 221
Geschmack 29, 170
Gesichtserkennung 197
Gesichtsnerv 154
Gesinnungen 170
Gibbs, Erna 178
Gibbs, Frederic 178
Glaskapillare 111, 219
Gleichstrom 171
Glisson, Francis 178
Goethe, Johann Wolfgang von 118
Golgi, Camillo 149f., 152–154, 160, 162, 195
Golgi-Methode 149, 152–154
Goltz, Friedrich Leopold 134, 139
Gott 22, 47–52, 69, 71, 77, 83, 86–88, 121f., 144, 150
Götter 19, 21, 23, 47f.
Griechen 19, 26, 32, 34, 38, 110
Großhirn 120, 124, 134, 183, 212
Großhirnrinde (Cortex, Hirnrinde) 14, 54, 84–86, 119–122, 124, 129, 134f., 139–145, 162–167, 169f., 173f., 178, 180, 182f., 187, 202f., 205, 210, 221
Guericke, Otto von 73
Guillotin, Joseph Ignaz 98
Guillotine 98, 233
Gutenberg, Johannes 57f., 60, 67, 114, 140
Gutenberg-Galaxis 114

Halbaffe 165
Handlung 72, 95, 135, 178, 186, 201, 214, 218, 220
Häresie 21, 122
Harlow, John Martyn 130–132
Harvey, William 41, 83, 85
Hauptachsenzylinder 151, 153
Hebb, Donald Olding 195f.
Hebb'sche Regel 195
Hegel, Georg Wilhelm Friedrich 103, 128
Heiliger Geist 48, 93, 144
Helmholtz, Hermann von 108
Heraklit 182
Herophilos von Chalkedon 34–36, 40f., 56, 84
Herz 23f., 27–29, 31–35, 39f., 55f., 67, 73, 76f., 83–85, 92, 104, 160f., 172
Herzkontraktion 39f.
Hippocampus 211f.
Hippokrates 23
Hirnchemie 15, 117, 160
Hirnforscher 15, 19, 29, 31, 74, 87, 117, 122, 125, 135, 145f., 154, 156, 160, 165f., 168f., 187, 212–214, 216, 221f., 227, 232
Hirnhälfte, linke 88f., 139, 142–145, 180
Hirnhälfte, rechte 88f., 99, 143–145, 180
Hirnhaut 35

Hirnkammern 35, 54, 67
Hirnkarte 14, 120, 128, 141, 169f., 180
Hirnlappen 137, 139, 142f., 180, 202, 212
Hirnmasse 27, 131, 134, 166
Hirnnerven 41
Hirnorgane 122, 129
Hirnrinde *siehe* Großhirnrinde
Hirnrindenschicht 164, 167–169
Hirnstromableitungen 178
Hirntod 182
Hirntumor 172, 180
His, Wilhelm 153
Hochleistungsmultiplikator 113
Hodgkin, Alan Lloyd 159, 198, 219
Höhenrausch 182f.
Homer 19, 23
Homunkulus 180
Horchbewegungen 170
Hormone 72, 191
Human Brain Project 221
Humboldt, Alexander von 99–101, 107, 140
Hunde 83, 88f., 134, 174, 195
Huxley, Andrew Fielding 159, 198, 219
Hypothese 170, 199, 205

Ideen 25f., 49, 52, 59, 101, 162f., 182, 187, 201, 205
Ideologie 119, 162, 168
Ignoramus et ignorabimus 114–117, 156
Inquisition 68
Intuition 27, 36, 41, 71, 152
Ionenkanäle 161
Ionentheorie 158, 205
Isolation der Nerven 159
Istwert 186

Jasper, Herbert H. 175, 180
Judas 119
Jüngstes Gericht 48

Kabelbruch 155, 160
Kaliumbichromat 152
Kalium-Ionen 159
Kammerdoktrin 52, 57, 61, 63
Kant, Immanuel 90, 103, 121
Kapillare 36, 78, 111, 219
Karmin 151
Kausalität 114, 171, 203
Kessler, Harry Graf 172
Kleinhirn 34f., 71, 86, 120
Kleist, Karl 169f., 173, 227
Koch, Christof 31
Kölliker, Albert von 153
Kommemorative Zentren 163f.
Kommunikationstechnik 113
Kondensator 92, 95
Konstantin der Große 48
Konstruktivismus 29
Kontemplation 19, 59
Kopernikus, Nikolaus 136
Kopf 11f., 14, 23–28, 31–35, 57, 62, 83, 85, 98f., 101, 118f., 121–123, 128, 130f., 136, 173f., 185, 206, 219, 221
Kopfhöhle 23, 35

Kornmüller, Alois Eduard 183f.
Korrelation 168, 173
Kultur 11, 19, 30, 36, 38, 47, 57, 67, 201, 220
Künstliche Intelligenz 189–191, 198
Kybernetik 14, 29, 184–189, 191f., 198, 205
KZ-Häftlinge 160, 183

Landkarte 14, 141
Läsion 124, 139
Lavater, Johann Caspar 118f.
Leib 11f., 23, 49, 55, 71f., 76f., 86, 102f., 187, 199–201, 205, 228
Leidener Flasche 79, 91–95, 97–100, 110, 171, 229
Lenin, Wladimir Iljitsch 166–168
Lennox, Wilhelm 178f.
Leonardo da Vinci 60
Liaison-Zentren 202f., 204f., 214
Linkshänder 145
Lithographie 140
Loewi, Otto 160
Logos 25, 126
Lokalisationstheorie 87, 125, 129, 132, 134, 139f., 164, 166, 168–170, 172f., 177, 187, 218
Löwe 168
Luftkrieg 182
Lyotard, Jean-François 162

Macy Foundation 185
Magnetfelder 103, 209f.
Magnetresonanztomographie (MRT) 210, 217, 219
Magnus, Heinrich Gustav 108, 149
Makake 220
Malsburg, Christoph von der 197
»Manifest der Hirnforscher« 216, 221, 230
Marc Aurel 38
Markowitsch, Hans J. 87
Marx, Karl 103, 135f., 233
Maschine 69f., 73f., 76, 184, 187, 189, 191
Materialismus 22, 102f., 114f., 136, 140, 168
Materie 31, 69, 71, 103, 116, 174, 182, 199, 202f., 206, 214
Matteucci, Carlo 105f., 108
McLuhan, Herbert Marshall 57f., 231
Mechanik 14, 66, 70, 76, 79, 96, 107, 114, 205
Medawar, Peter Brian 200
Meerschweinchen 154
Membran 157–159
Memoria 61
Menschenversuche 110, 183
Menzel, Randolf 74, 111
Messfehler 158
Messias 48
Metapher 15, 55, 73, 76, 78, 95, 111, 113, 157, 159, 182, 184f., 189, 201, 222

Meynert, Theodor 141, 163
Mikroelektrode 219
Mikroskop 11, 151f., 161
Mittelalter 12, 14, 43, 50–57, 60, 75, 77, 84, 115, 198, 205
Modellorganismus 104
Moduln 184, 202f.
Mondino de' Liuzzi 56
Monro, Alexander 78
»Monsieur Tan« (Patient) 136
Moore, Gorden Earle 196
Moore'sches Gesetz 196
Morse, Samuel Finley Breese 111f
Morsezeichen 112, 184
Motorik 131, 181
MRT *siehe* Magnetresonanztomographie
M-Typen 193
Müller, Johannes
Muskel 10, 28, 60f., 63, 67, 73, 77f., 93–97, 99, 101f., 104f., 108–110, 113f., 137, 154, 174
Muskelelektrizität 95–105
Muskelkontraktion 73, 77f., 94, 97, 108, 114
Musschenbroeck, Pieter van 91–93
Mut 22–24

Namensverständnis 170
Napoleon Bonaparte 98, 123
Nazi-Deutschland 160, 169f.
Negative Schwankung 108–111
Nerven 14, 19, 32, 34f., 41, 56, 66f., 72–74, 93, 95–97, 99, 101f., 105, 107, 110f., 113f., 153, 157f.
Nervenknoten 120
Nervennetz *siehe* Neuronales Netz
Nervenstrom 99, 106–110, 157f.
– Nervenruhestrom 108, 157
– Nervenaktionsstrom 158
Nervensystem 19, 65, 73, 95, 108, 149, 153, 155, 160f., 184, 188f., 194, 231
Nervenzellen 14, 149–159, 170, 187f., 195, 213, 221, 223
Nervenzellfortsätze 151–154, 156, 159, 213
Nerv-Muskel-Präparat 94, 104f.
Netzwerke von Wissenschaftlern 177, 215, 222
Neumann, John von 192
Neurologen 132, 141, 169, 172, 177f, 227
Neuron 111, 153, 161, 188f., 220, 227
Neuronales Netz (Nervennetz) 31, 72f., 75, 120, 152, 194–197, 215
Neuronist 153–156, 160f.
Neurotransmitter 160f.
Neurowissenschaft 31, 50–52, 102, 156, 180, 187, 194f., 198, 204, 211–216, 219, 222, 230, 237
Newton, Isaac 78, 222
Niagara-Wasserkraftwerke 171
NICHT-Schaltung 189
Nietzsche, Friedrich 172

Nobel, Alfred 130, 149
Nobelpreis 89, 149, 155f., 159, 161, 177, 199, 204, 209, 234f.
Nobili, Leopoldo 104–106
Nollet, Jean-Antoine 92f.
Null-Linien-EEG 180

Obduktion 120, 134, 137, 142f., 169
Ockham, Wilhelm von 56
Ockhams Rasiermesser 57
ODER-Schaltung 188
Operation Paperclip 183
Organe 23, 27, 31, 39, 41, 57, 60, 63, 99f., 120, 122, 126, 158, 160, 210
Orgel 14, 75f., 116, 171
Örsted, Hans Christian 103
Ortssinn (räumliche Orientierung) 122, 170, 212
Oszillograph 171, 214

Pariser Gesellschaft für Anthropologie 137
Parusie 48
Pawlow, Iwan Petrowitsch 195
Penfield, Wilder 179f.
Penrose, Roger 191
Pfalz, Liselotte von der 70, 72
Philosophie 22, 38, 52, 66, 104, 115, 128, 198, 200, 213
Phineas-Gage-Syndrom 135
Phrenologie 126–129, 131, 139, 173, 193, 218
Physiognomik 118f.
Physiologie 66, 106, 108, 111, 113, 117, 124, 134, 140, 149, 152, 155, 157–159, 164, 172–174, 177, 182f., 185, 193, 198, 209f., 214, 220
Pitts, Walter 188
Platon 22–25, 28, 31, 33, 38, 48–50, 55, 90, 204, 237
Pneuma 34–36, 39–41, 50, 61, 66, 108
Pontius Pilatus 47
Popper, Karl 199–201, 205, 215
Potentialunterschied 157
Protoplasmischer Fortsatz 151, 153
Ptolemaios I. 34
P-Typen 193
Purgatorium 47
Pyramidenzellen 163, 167f.

Quallen 120
Quantenmechanik 203, 205
Quantenphysik 203

Ramón y Cajal, Santiago 149f., 152–154, 160, 162–164, 196
Rassenhygiene 169
Ratio 49, 52
Räumliche Orientierung *siehe* Ortssinn
Realität 12, 19, 116, 152, 155, 163, 176, 190, 197
Réaumur, René de 91
Reazione negra 152
Reisch, Gregor 51
Renaissance 60, 84

Res cogitans 69, 71–73, 76, 115
Res extensa 69, 71–73, 76, 115
Retikularisten 152, 154, 156, 195f.
Retikulum 152f., 195
Reuters 112
Riesenpyramidenzellen 163
Ritter, Johann Wilhelm 102
Rizzolatti, Giacomo 220
Rockefeller Foundation 178f.
Röhren 73, 184f., 196
Romantiker 100, 102
Romberg, Moritz Heinrich 108
Römischer Brunnen 14, 42, 75, 78
Römisches Reich 38
Rosenblatt, Frank 197
Rother, Susanne 141
R-Typen 193
Rückenmark 34, 39, 85, 93f., 110, 119f., 151
Rückkopplungsschleife 184

Sauerstoff 36, 182, 210, 216
Säugetiere 87f., 159, 163, 165, 167
Schädeldach 121
Schädeldecke 10f., 57, 87, 142, 172, 178f.
Schädellehre 124–126, 193
Schaltkreise, integrierte 196
Schelling, Friedrich 102
Scheve, Gustav 128
Schlaganfall 40, 135, 138
Schmerz 26, 33, 71, 86, 91, 95, 100, 114, 116, 131, 170, 179
Scholastiker 54, 56, 64
Schussverletzung 169, 173
Seele, unsterbliche 12, 24–26, 31, 48, 55, 64, 88, 102, 204
Seelenteil 23–26, 52
Sehnen 60, 63, 73
Sein 135f., 233
Sektion 60, 63, 86, 88, 117, 142
Selbsterkenntnis 21
Selbstwahrnehmung 180
Sensorik 181
Sensus communis 52, 57
Sfumato-Technik 60
Shakespeare, William 119
Sherrington, Charles Scott 155f., 177, 198, 234
Siemens, Werner von 113
Silbernitrat 152
Skelett 11, 63
Soemmering, Samuel Thomas 89, 117
Software 194, 196, 201
Sokrates 20–23, 30f., 191
Sollwert 186
Spatz, Hugo 182
Spengler, Oswald 36
Spengler, Tilman 167f.
Sperry, Roger 89
Spiegelerlebnis 10f.
Spiegelneurone 220f.
Spindelzelle 163

Spiritus animalis 14, 34, 41f., 49f., 54f., 59, 66f., 72–79, 85, 89, 95–97, 111, 113, 146, 154, 174
Spiritus naturalis 39, 41, 67
Spiritus vitalis 39–41, 67
Split-Brain-Operationen 89
Sprache 29f., 69, 119, 134–143, 145, 163, 168, 191, 195, 201, 220
Sprachverarbeitung 142
Sprachverstehen 137, 139
Sprachzentrum 129
– motorisches 139f., 142, 145
– sensorisches 142f., 145
Spurzheim, Johann Caspar 123, 125f., 168, 193
Stalin, Josef Wissarionowitsch 168
Stein von Rosette 192f.
Sternzellen 163
Stickstoff 182
Strafvollzug 129, 232
Strom 89, 92f., 95–113, 146, 156–160, 170f., 174–180, 184, 218, 220, 230
Subatomare Teilchen 203
Substanz, ausgedehnte 69f.
– denkende 22, 24, 69f.
Swammerdam, Jan 77f.
Sympathikus 161
Synapse 74f., 155f., 160f., 188, 203, 221
Synaptischer Spalt 156, 161

Taubes, Jacob 48
Telegraph 14, 112–114, 146, 157, 184
Telepathie 177
Tesla, Nikola 171
Thalamus 54
Theologie 48, 52, 213
Thomas von Aquin 52
Tintenfisch 26, 159, 219
Tod 21, 40, 77, 150, 179f., 182, 204
Topologie 120, 136
Transistoren 196
Trepanation 11, 13
Triangelzelle 163
Trousseau, Armand 139
Turing, Alan 189–191
Turing-Test 190f.
Typographie 58f., 63, 140

UND-Schaltung 188
Unendlicher Regress 150
Untersuchungsverfahren, invasives 219
– nichtinvasives 219
Unwissen 12, 20f.
Urbilder 25f.
Urstoff 32
Urteilskraft 88

V2-Rakete 182
Vagus 160f.
Venen 27, 35f., 39, 83f., 99
Ventrikel 35, 39–42, 49–52, 54f., 57, 59, 61f., 64–67, 71f., 74, 76,

85–87, 89, 104, 117, 121, 145, 187
Verletzungsstrom 105, 108
Vermis 51, 54, 62
Vernunft 20f., 24, 30f., 52f., 62–64, 68, 74, 83, 85, 87–89
Vernunftseele 31, 53
Verstand 20f., 23f., 31, 53–55, 62, 68, 90, 189
Versuchsmänner 183
Vesalius, Andreas 63–67
Virchow, Rudolf 150f.
Vivisektion 35–37, 39f., 83f., 86, 125, 134
Vogt, Oskar 165–169, 182
Volta, Alessandro Antonio Anastasio Graf von 96–98, 104, 106, 110
Volta-Säule 98
Vorsokratiker 22, 182
Vorstellungsvermögen 49, 74, 86, 88, 194

Wachoperation 179
Wagner, Johann Jakob 102
Wahrnehmung 9, 12, 14, 25, 28–34, 41, 53–55, 57, 62–65, 74f., 85f., 114, 131, 170, 180, 186, 195
Wahrnehmungsseele 28–31, 34, 52
Wahrscheinlichkeit 203
Waldeyer, Wilhelm von 153f., 227
Walter, Grey 193
Wechselstrom 171
Welt 1/2/3 200–202, 204
Weltseele 102
Wernicke, Carl 142–143, 145, 163, 169
Whitehead, Alfred North 22
Wickelbär 168
Wildpferde 99
Willis, Thomas 84–89, 121, 162, 187
Wissen 11, 14f., 20, 31, 64, 162, 198, 200f.
Würg- und Mordsinn 122, 126

Young, John Zachary 158

Zellbiologie 205
Zellteilung 150f.
Zellwand 159
Zentralfurche 180
Zettler, Friedrich 111
Zirbeldrüse 66f., 72, 74–76, 86, 104, 187
Zitteraal 93, 99f.
Zweiter Weltkrieg 182, 184, 235

Bildnachweis

Alamy, Abingdon: 65 (Alamy Stockphoto/Pictorial Press Ltd.)

Deutsches Museum, München: 175 (Archiv, CD 58199)

Picture Alliance, Frankfurt: 13 (AKG Images), 51 (Leemage), 133 (Everett Collection)

Römisch-Germanisches Museum, Mainz: 37 (S. Steidl)

Ullstein Bild, Berlin: 217 (Schöningh)

Sowie aus:

du Bois-Reymond, *Gesammelte Abhandlungen zur allgemeinen Muskel- und Nervenphysik*, Leipzig 1875–1877: 109

Penfield, W. & Rasmussen, T., *The Cerebral Cortex of Man*, New York/Montreal: 181

Gustav Scheve, *Phrenologische Bilder*, Leipzig 1855: 129